# 東南アジアの森に何が起こっているか

## 熱帯雨林とモンスーン林からの報告

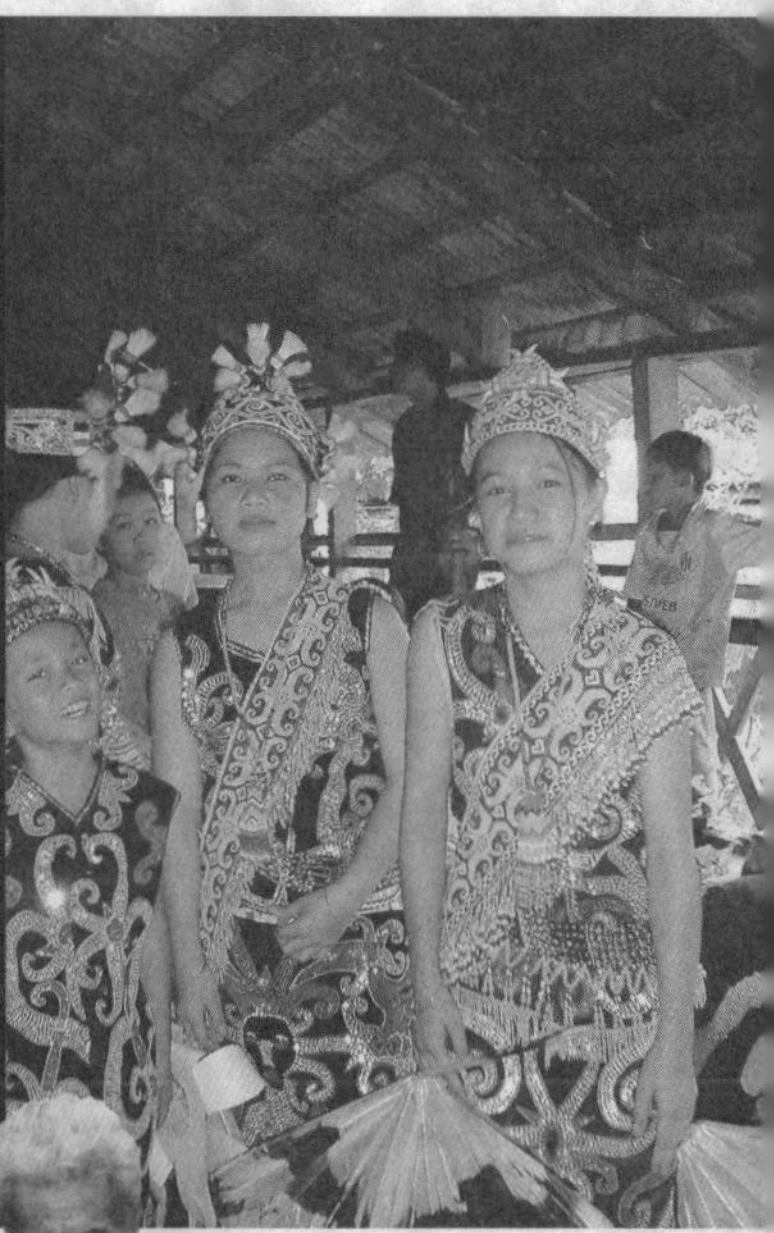

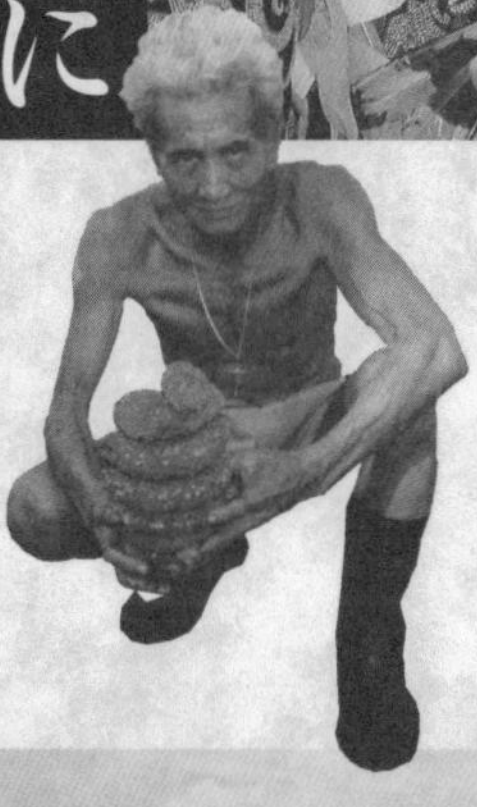

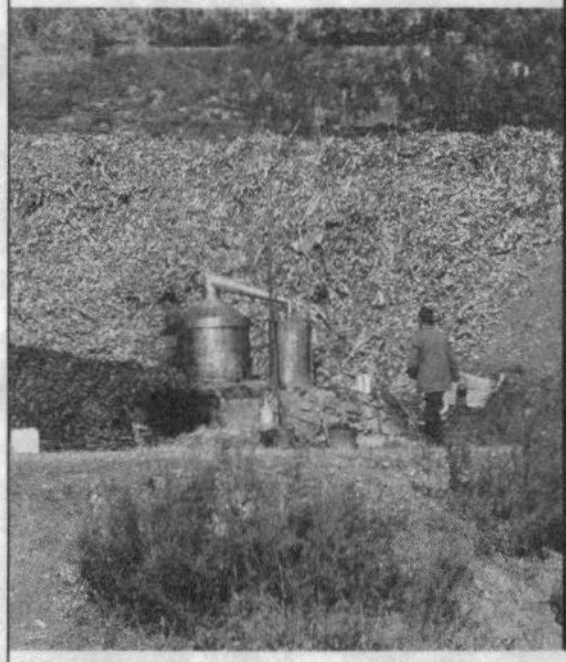

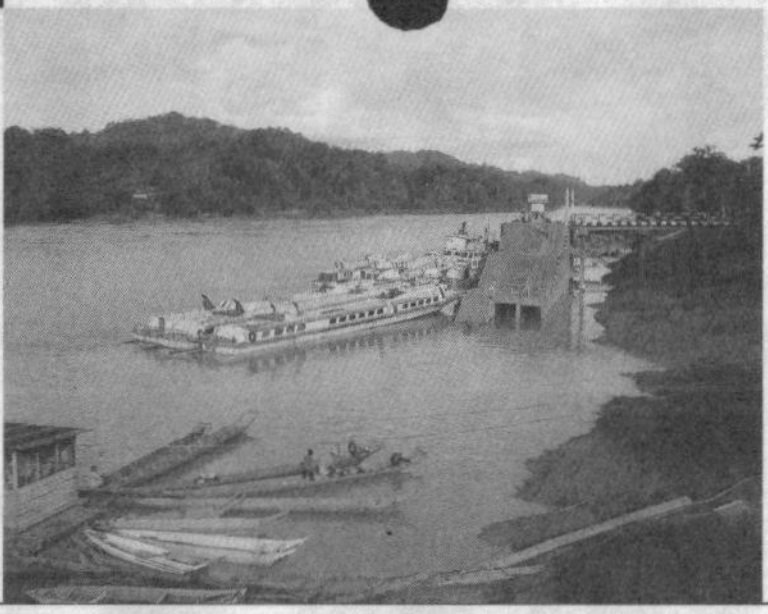

秋道智彌
市川昌広 編

人文書院

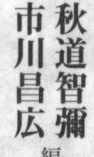

目次

# 東南アジアの森に何が起こっているか　熱帯雨林とモンスーン林からの報告

# 序章　東南アジアの森に何が起こっているか

## ――熱帯雨林とモンスーン林からの報告

秋道智彌・市川昌広

### 一　本書のねらい

人間はこれまで、日々の暮らしのために森を伐りひらいて田畑を作り、森から薪や建築材を集めて利用してきた。そういった生活の中から、森の動物やキノコ、果実を利用する知恵を育んできた。また森を利用するだけでなく、そこの樹木にカミや精霊を見いだし、畏敬の念を抱いて森を守ってきた。人びとは、木を伐ってもいずれ森がよみがえることを知っていた。

ところが、森を農地にかえて食料を得たことから、人間は数を増やし、ますます食料を増産する必要が生じた。そのさい、だれのものでもない森の開発は、とがめを受けることがないと思い込み、つぎつぎに森を破壊していった。挙げ句の果てに、森は田畑や居住地や工場となってしまった。これは近現代だけの筋書きではない。森林破壊は古代からはじまっていた。農耕の開始がその元凶にあったとしても、いまさら後戻りできないところに我々は立たされることになった。地球規模での森林減少をどうすればよいのか。森を人間の体にたとえれば、いまや全身に蔓延した病巣のどこにメスを入れるかを考えることが必要となった。そのために、致命的になる可能性のある特定の患部に注目する必要があることは病理学の常識だろう。すなわち、現在、もっとも深刻な問題が起きている特定の地域に目をむけること、個のなかに全体をみる視点こそが重要である。そこで、今回、地球全体の縮図として注目したのが森林問題のホット・スポットである東南アジアの熱帯の森である。

今日、世界中で急速に進んでいる熱帯・亜熱帯林の劣化・減少は、地球規模の環境問題のひとつである。この問題には、地域固有の生態学的、歴史的、社会経済的、政治的な諸々の要因がきわめて複雑に絡みあっている。したがって、森林をめぐる環境問題も地域ごとに性格が異なっており、問題を解決するための処方箋もおのずと別のものになる。このような理解は、森林の環境問題にかかわる研究者や行政担当者、NGO団体などのあいだで広くいきわたっている。このため、熱帯・亜熱帯林の問題については、あるひとつの地域内に限って検討されることが多かった。

しかしながら、ひとつの地域内に限ってばかりでは、逆に、みえてこないこともあるだろう。本書では、地域の森林生態系を中心にすえるこれまでの考え方からすると、相当、大胆な二地域間の比較を試みる。ここで取りあげるのは、広い意味ではすべて東南アジアに属するが、一方は島嶼部のボルネオ島であり、他方は大陸部のラオスや中国（雲南）の事例である。両者は気候帯がちがうので、森林タイプも異なる。ボルネオは熱帯雨林帯に、大陸部のラオスや雲南はモンスーン林帯にそれぞれ属する。もちろん国が違うため森を取りまく政治・経済的な背景も異なってくる。それゆえに、そこに暮らす人びとの文化も違っていることは前提としておかなければならない。

このように大きく異なる二つの地域を比較すれば、異質性が浮かび上がるのは当然だ。しかし、本書での議論の中心は、個々の違いを羅列することではない。異なった条件下にある森林をめぐる人間の営みの分析を通じて、構造的な類縁性、同質性、歴史的な同時代性からみられる収斂性、多様性を総合的に析出することである。

具体的な方法として、まず森やその周辺で暮らす人びとの森林利用やそれにまつわる土着の知恵の特質を明らかにしたい。つぎに、彼らの森林利用と植民地政府や国家の政策との相克に迫りたい。このために、政府による森林政策の浸透を歴史的に明らかにする森林史的なアプローチをとる。第三に、森林の減少をもたらした開発、近代化、グローバル化など外的要因の政治生態学的な分析をおこなう。そして、最後に東南アジアにおける熱帯・亜熱帯林の今後を勘案し、地域を超えていかなる解決の糸口があるのかを地球環境問題として掘り起こす作業を試みることとしたい。

以上のような問題意識から、平成一九年一〇月八日に総合地球環境学研究所でワークショップを開催した。そのさいの発表と討論をもとに発表者それぞれが本書の各章を執筆した。

本書の大きなねらいは、これらの諸分析をもとに、新しい森林研究にむけての地平を切り拓くことである。本書の想定する読者は、熱帯・亜熱帯の森林研究者や学生、とりわけ東南アジア地域に興味をもつ層である。加えて、森林問題、開発と生物多様性、日本の経済援助問題など、森林を通じて日本と世界のかかわりを考え、活動している多くの市民団体やＮＧＯ組織、そして広く森を愛し、地球のゆくえを危惧する一般読者にとっても意義深い一冊となるであろう。

## 二　本書であつかう地域の概要

本書では東南アジアの熱帯雨林とモンスーン林をめぐる森と人、森と社会とのかかわりを重層的に描きだしてみたい。東南アジアにおいて、熱帯雨林の中核は島嶼部の赤道直下に位置するボルネオ島やスマトラ島などの島々に分布する。マレーシア、インドネシア、フィリピンなどが含まれる。一方、モンスーン林は大陸部のヒマラヤ山塊の東側からインドシナ半島に広がる。ミャンマー、ラオス、ベトナム、中国（雲南省）、タイ、カンボジアなどの国々に広くまたがっている。

熱帯雨林とモンスーン林を比べるさい、それぞれの森林の分布域は非常に広く、関係する国は多数にのぼる。そのうえ、国あるいはそれぞれの地域によって地勢や民族、文化などの状況も違えば、森林の開発と保全をめぐる歴史的背景も大きく異なっている。つまり、熱帯雨林あるいはモンスーン林いずれかの森林においても、当然、森林の状況やそれをめぐる社会的な背景は均一ではなく、むしろきわめて異質であるといって過言ではない。

以上の点をふまえ、本書で取りあつかう対象地域をしぼり、その特徴に言及することで、議論をしやすくしよう。すなわち、モンスーン林の議論はラオスを中心に、その北側の中国雲南省の一部までの地域に焦点をしぼることとする。一方の熱帯雨林は、ボルネオ島のマレーシア領サラワク州を中心にして、インドネシア側のカリマンタンの一部を含む範囲に限った。この限定された地域での最新の調査経験と資料をもつ研究者の成果から、両地域の森林について比較し、議論を深めていこうと考え

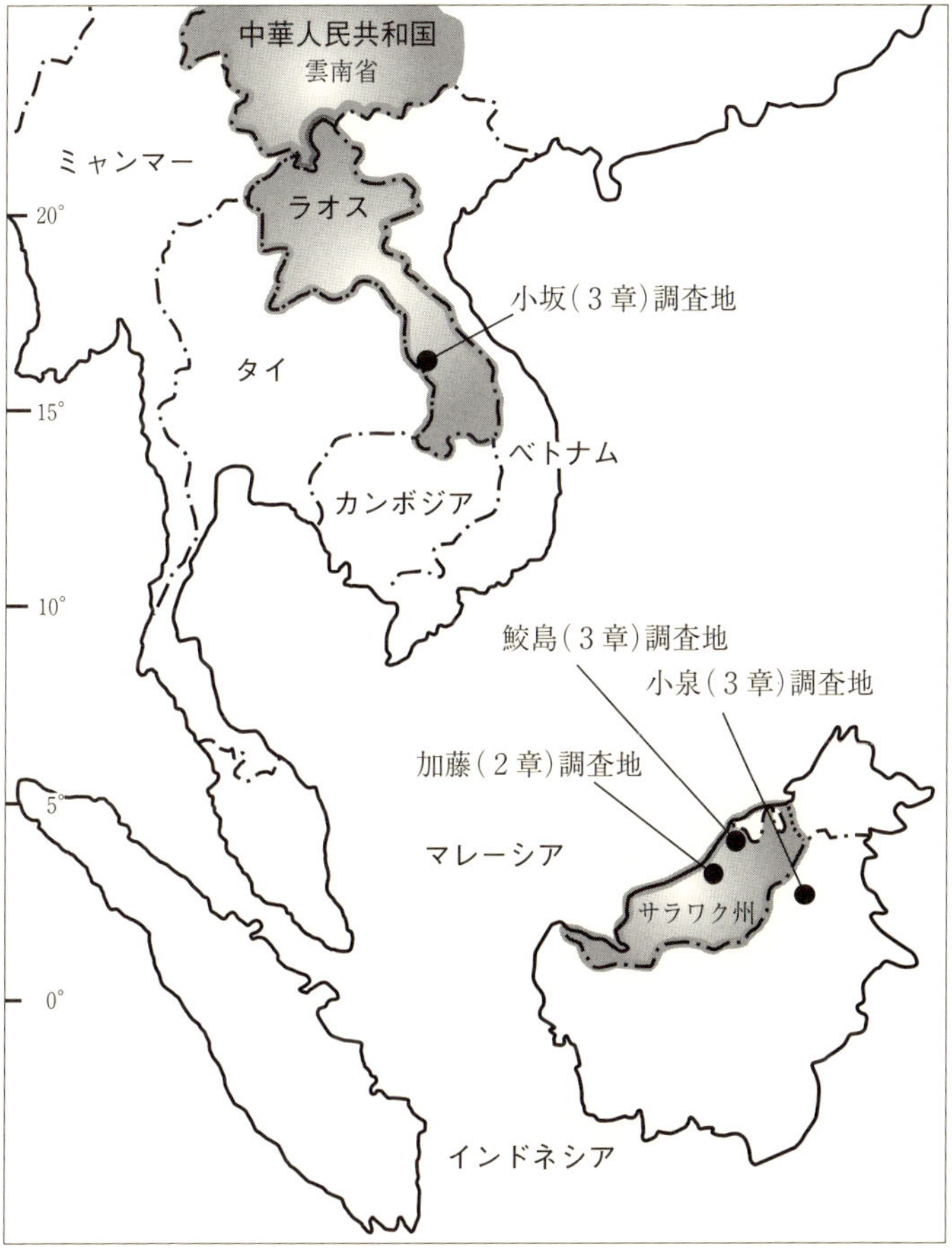


図１　本書で対象にする地域

たのである。

最初に、ここでは対象とした地域比較のさいに最低限必要な知識として、両地域の自然、社会および文化についての概要を確認しよう。

## マレーシア・サラワク州の概要

熱帯雨林の最大の特徴は、そこに多種多様な生物が生息することである。年平均気温は二七度前後、年降水量は二五〇〇~五〇〇〇ミリメートルであり、年を通じて明瞭な乾季がみられない。生物の生育に恵まれた環境下、熱帯雨林は地球上で生物多様性がもっとも高い場所である。

そこに住む人びとも多様なエスニック・グループに分かれる。サラワク州には、公式に認められているだけでも二七のグループが存在する。州の人口の三割を占める華人をのぞけば、それ以外はボルネオ島に相当以前から先住していた人びとである。先住民のあいだでは、さまざまな言語が使われているが、それらは大きくオーストロネシア語族に属する。彼らは五〇〇〇年前ごろから徐々に南進してきたと考えられている(池端、深見 一九九九)。

ステレオタイプ的な見方では、華人たちは町にすみ商いをし、あるいは企業を経営して州の経済を牛耳っている。先住民のなかでもマレー系の人びとは、海岸に近い低地の農村や町の近郊にすみ、政治や行政の世界に深く広くかかわっている。その他の先住民は、森やその周りにすみ、焼畑などの農業や採集・狩猟に依存して暮らしている、ということになろう。しかし、実際には、ここ二~三〇年でその状況に大きな変化がみられる。都市化が進み、若い世代の先住民は下流域の地方都市に流出し、村では過疎化が進みつつある。

このような社会は、とくに植民地統治以降の社会・経済的な背景に大きく影響されて形成されてきた。歴史については第1章でくわしいので、ここではごく簡単にふれておく。マレーシアのサラワクでみられた植民地統治のあり方は、周りの国々とは少々異なる。ジェームズ・ブルックという一人のイギリス人が一八四一年に到来し、その後、約一〇〇年間、彼らの一族が領土を広げ、統治した。第二次世界大戦中には一時、日本に占領され、その後、一九四五年からはイギリスによる統治が始まった。一九六三年にイギリスの統治から抜けだし、マレーシアへ一つの州として編入したのである。その後は、商業伐採やプランテーション造成など、大規模な森林開発が急速に進んだ。

### ラオス・雲南（中国）の概要

ヒマラヤ山脈の東側から広がる雲貴高原よりインドシナ半島にかけては、中規模な山地が展開している。この地域は乾季と雨季の明瞭なモンスーン気候下にあり、年間雨量は二〇〇〇ミリメートル以下である。

植生は乾季に落葉するモンスーン林よりなり、熱帯雨林にくらべて樹高は低く、四〇メートルまでである。代表的な樹種はチークである（山田 二〇〇七）。モンスーン林の上部山地には照葉樹林が広がっている。ほぼ一〇〇〇メートル級の山地には斜面で焼畑農業を営む先住民がすみ、盆地では水田稲作がおこなわれている。

歴史的にもっとも古くからこの地域に居住していたのは、オーストロアジア語系（モン・クメール系）の諸民族であり、メコン川の下流域にはオーストロネシア語系の民族がいた。一〇世紀前後から、北方のチベット・ビルマ語系やカム・タイ語系の諸民族が南下してきた。タイ語系の民族は河谷や盆地沿いに進出し、ムアンとよばれる地域組織を形成し、やがて一三世紀になると、いくつもの王国を形成するようになった。雲南省西双版納《シップソンパンナー》のチェンフン王国、ラオスのルアンパバンを中心とするランサン王国、タイのチェンマイを中心とするランナータイ王国などがその例である。

この地域では、平地部には水田稲作をおこなうラオ人、タイ人、ベトナム（キン）人など、現在の国民国家において主要な位置を占める民族が居住し、山地斜面や山地の尾根には陸稲や雑穀の焼畑農業を営む少数民族集団がすんでいる。このようなすみ分け現象は歴史的に形成されたものである（佐々木 二〇〇七）。

第二次大戦後、中華人民共和国の成立、第二次インドシナ戦争（一九五九〜一九七五年）によって、この地域の生態系と住民の暮らしは大きな打撃を受けた。インドシナ戦争後も社会は安定しないまま急激な社会主義化を経た。一九九〇年代に入って、ようやく社会情勢も安定化し、海外援助を受けて経済発展と開発プログラムが開始された。開発の影響はまともに森林に及び、森林伐採、木材輸出、商品作物の栽培化が急速に進んだ（阿部 二〇〇七）。グローバル化した経済の枠組みのなかで、森林の開発と保全をめぐる環境問題が先鋭化することとなったのである。

## 三　熱帯雨林とモンスーン林の比較の着眼点

先にも述べたように、本書は大きく異なる二地域を見比べることによって、共通あるいは類似する森林の利用や問題の本質を浮かびあがらせようとする試みである。先の二地域の概要やこれまでの研究蓄積から、地域間の比較のさいに着目すべき生態的・社会的背景がいくつかあげられる。本題に入る前に、それらの点について整理しておこう。

●バイオマス

本書であつかう二地域の森林で大きく異なる点のひとつはバイオマスである。熱帯雨林では、赤道直下、豊富な日射量と十分な雨を受けて生物が旺盛に生みだされるため、バイオマスは、モンスーン林と比べると格段に大きくなる。森林の性質も当然、異なっている。特筆すべき点は、モンスーン林に比べて格段に高い熱帯雨林の生物多様性である。こうした森林のバイオマスや性質の違いによって、生物の資源化のあり方は当然、異なるだろう。

●地勢

地勢条件の違いが、森林資源へのアクセスと、森林資源の交易の形態や市場に向けての搬出の違いを生みだす。

東南アジアの熱帯雨林は、おもに島嶼部に分布する。そこに広がる海は、「交易の海」ともよばれている（池端、深見　一九九九）。すでに紀元前後から熱帯雨林の森林産物が中国に向けて運びだされていたという記録がある。その後も、海が交易路となり、中国とはもちろん、アラブやヨーロッパ諸国との交易がさかんにおこなわれてきた。河川が交易路となり、河口に発達した港市が集散地となった。

一方、モンスーン林が分布する大陸部、そのなかでもとくにムアンとよばれる盆地世界にも、交易ルートは古くから発達していた（桜井 二〇〇一）。熱帯雨林の港市に対して、富と権力は盆地に集中し、そこが交易の核となって、周りの山地から森林産物が集められた。

●人口密度、地域の人びと

土地利用について議論するには、人口密度が必要不可欠な論点となってくる。すでに述べたように、本書であつかう二地域には、人口希薄な熱帯雨林と比較的稠密な人口を有するモンスーン林という構図がある。しかし、この構図は近年変わりつつある。たとえば、サラワク州では、ここ三〇年ほどで、沿岸部の都市へ人口が集中し農村では過疎化がすすむという、これまでの熱帯雨林地帯とは異なる現象がみられる。モンスーン林地帯でも、商品作物の栽培、市場経済化、政府の開放政策などにより、山地住民の低地への移住、都市住民の越境による季節移住などが加速度的に進行している。

両地域に暮らす民族は、当然異なっているが、両地域とも森の資源を利用しながら暮らしてきた多様なエスニック・グループが存在する点で共通する。ただし、先の地域概要で述べたように、エスニック・グループの分布パターンは異なる。民族やその分布の違いが、両地域の森林利用に与える影響を検討する必要がある。

●統治

すでに説明したように、サラワクはイギリス(人)によって、ラオスはフランスによって植民地統治がなされた。統治国にとっては、当時、両地域ともに魅力的な資源に乏しく、重要性はさほど高くない、周縁的な地域であった。二〇世紀後半に入り、両地域はそれぞれマレーシアとラオスという近代国家の枠組みのなかに位置づけられた。両政府は森林資源の管理を強め、先住民の森林や土地への権利を制限してきた。このような統治のあり方は、いうまでもなく森林利用や開発に大きな影響を与えてきた。森はいったいだれのものといえるのだろうか(秋道、日高 二〇〇七)。

●市場

森林の利用のされ方は、そこの資源をどの程度商品化するかによって大きく変わる。商品化によって資源が枯渇する例は、これまで森林資源に限らずさまざまな自然資源で問題になってきた。市場が地域内(ローカル)の場合もあれば、国際的(グローバル)な場合もある。木材資源とともに、非木材資源の開発と市場への参入を通じて、森と地域や域外との関係性を探る意味は大きい。

●戦争

ラオスにおいて、第二次インドシナ戦争は森林のあり方に大きな影響を与えた無視できない出来事であった。爆弾や枯葉剤、ナパーム弾が使用され、生態系が徹底的に破壊された。一方、サラワクは第二次世界大戦期に日本軍により占領されたが、そのことが今日の森林の状況に及ぼしている影響はさほど大きくない。

以上、本書で取りあげる二地域を比較するさいの着眼点を六つあげてみた。まだ、さらにいくつかの着目すべき点はあるだろう。また、今日の森林利用や森林問題の違いや共通点が、これらどれか一点から説明されうるのではなく、複数あるいはすべてが複雑に絡みあって、背景をなしていることはいうまでもない。

本書では、これらの点に配慮しつつ比較をすすめ、東南アジアの森林の劣化・減少にみる構造的な問題点を明らかにしていきたい。

## 四　本書の構成

本書のねらいである二地域間の森林の比較の結果を明確化するために、以下に続く各章では、モンスーン林の地域（ラオス、雲南）と熱帯雨林の地域（おもにサラワク）の論文を対にして構成している。さらに、各章の冒頭に二つの論文の概要と比較の着眼点を解説した序文をつけている。したがって、ここでは各章の内容にはふれずに、本書の大筋の流れを確認するにとどめる。

第1章では、その後に続く各章の歴史的背景を提示している。先にあげた六つの視点すべてにかかわりつつ、ここ一〇〇年ほどの両地域の森林をめぐる出来事について述べている。続いて、第2章では、両地域それぞれにみられる森林資源がどのように利用されているのか、その利用は社会・経済とどのように関連しているのかについて事例をあげて述べている。「市場」や「地勢」などの着眼点は両地域間の違いや類似性をより明らかにするであろう。第3章では、かつてより森の恵みにたよって暮らしてきた人びとが、どのように森林を利用してきたのかを、彼らの知恵に焦点を当てて記述する。現地の人の目をとおした生態の知識や森林利用の技術、管理などの事例を紹介する。また、「人口密度」、「統治」の着眼点からの比較・検討もなされる。第4章では、森林開発の政策が、両地域の土地利用や、森やその周辺にすむ人びとの森林利用にどのような影響を与えているのかを吟味している。おもに「統治」に比較の着眼点をおいている。第5章では、今日の東南アジアの森林減少の大きな要因の一つである、プランテーション開発に焦点を当てている。一見すると同じ開発の様式であるが、両地域の間でどのような違いと共通点があるかを検討する。「地勢」、「統治」、「市場」などの着眼点から比較している。

最後に終章は、ここ四〇年間、熱帯雨林とモンスーン林を含め、東南アジアの森と人をめぐる動きを現場で見つづけてきた執筆者が、六つの着眼点をすべて絡めつつ熱帯雨林とモンスーン林の特徴、森と人のかかわりの変化について描写し、将来の望ましいと考えられる方向性を提案している。

参考文献


阿部健一　二〇〇七「変動する世界」秋道智彌編『図録メコンの世界——歴史と環境』一〇—一一頁、東京：弘文堂。

秋道智彌、日髙敏隆（編）　二〇〇七『森はだれのものか』京都：昭和堂。

池端雪浦、深見純生　一九九九「東南アジア島嶼部世界」、池端雪浦編『東南アジア史Ⅱ　島嶼部』三—一七頁、東京：山川出版社。

佐々木高明　二〇〇七「多様な民族世界と照葉樹林文化」、秋道智彌編『図録メコンの世界——歴史と環境』八—九頁、東京：弘文堂。
桜井由躬雄　二〇〇一「南海交易ネットワークの成立」、池端雪浦編『東南アジア史一』一一三—一四六頁、東京：岩波書店。
山田　勇　二〇〇七「地域概観」、秋道智彌編『図録メコンの世界——歴史と環境』六—七頁、東京：弘文堂。

# 第1章　メコン流域からスンダランドへ

ラオスとマレーシア・サラワク州の森林利用の変化には、少なからず共通するところがあるようだ。そのひとつは、つい最近までともに良好な森林が広い範囲を占めていたが、ここ二〇、三〇年で大きく改変が進んできた点である。

本章では、両地域の森林の変遷をもう少し長い期間、おおよそ一〇〇年を対象に概観していく。イギリス人のブルック政府が領土を拡大し、現在のサラワク州と同じ範囲を統治するにいたったのも、また、ラオスが仏領インドシナ連邦に編入されたのも一九〇〇年前後であった。そのころと対比すれば、はっきりと近年の状況がみえてくる。ヨーロッパによる統治が本格化した当時に、近年の大きな森林の変化をもたらす兆しを見いだすことができるであろう。

はじめのラオスの論文では、近年まで高い森林率を誇ってきた要因として、水田稲作や焼畑稲作を営む人びとや村落社会が有する慣習の存在が大きいとする。社会主義経済や市場経済化による彼らの慣習的な土地利用システムの変容にともない、森林の劣化・減少が進んでいる可能性を示している。

つぎのサラワクの論文では、多種多様な森林資源の利用が単純化してきた過程を描写している。相当以前より、熱帯雨林のさまざまな森林産物は、中国やアラブへの交易品として採集されてきた。一九七〇年代以降、商業木材伐採が本格化すると、特定の何種類かの木材だけが価値を高めた。プランテーションの造成がさかんになると、森林の生物へは目が向けられなくなり、単一の商品作物を植えるためにそこの土地だけに価値が見いだされるようになった。

両地域では、森林の利用がここ数十年で急速に変化しているという点は共通しているが、その中身や社会・経済的な背景は異なる。しかし、さらにその背後には経済のグローバル化という共通の要因が存在する。二つの論文で着目している森林地帯に暮らす人びとや村落社会の対応にみる類似性と相違をしっかりと吟味することが、地球環境の保全を実現する径路をみつける手がかりを与えてくれるにちがいない。

# 動かない森、変転する森
## ――ラオスの森林の一〇〇年誌

河野泰之

ラオスは、一九八〇年代の後半、「チンタナカーン・マイ」(新思考)政策を打ち出し、近隣社会主義諸国と同様に、市場経済の導入に踏みきった(ラオス文化研究所 二〇〇三)。それとともに国際援助も積極的に受け入れるようになり、一九九〇年代になるとラオス社会は目にみえて変わりはじめた。この動きは、外国からの投資や外国人観光客の増加を生み、これがさらにインフラ整備や製造業、サービス業の育成など、多方面での動きを加速させた。これらの変化は、首都ヴィエンチャンや世界遺産都市ルアンパバンでより顕著であるが、地方行政や市場ネットワーク、さらに国境交易を通じて農山村にも深く浸透している。すなわちこの二〇年間で、ラオスは、それまでより格段に速いスピードで人やモノや情報が動く社会へと変化した。

このような社会変化は、当然ながら、森林や森林に依存して暮らす人びとの生活を、不可逆的に変えつつある。しかし、それは、自給自足的な生活から市場に依存した生活へとか、環境調和的な生業から資源搾取的な生業へなどと単純化できるものではない。市場経済を取りこもうとする動きがある反面、自給的な食料生産を強化しようとする動きもある。森林を保全しようとする動きと開発しようとする動きは、明らかに同時平行で進行している。この複雑な変化が、全体として、ラオスの農山村や森林をどのようなものへと変容させようとしているのかは、ラオスに残された豊かな自然やそれを利用する在来の知恵が、世界的にも貴重な資源であり、人類社会全体にとっての財産となりうるものであるがゆえに、研究者を含む多くの人びとの関心を集めている。

しかし、本論が焦点をあてるのはこの二〇年間だけではない。ここではあえて、フランスがインドシナ半島を植民地化した一九世紀末以降の一〇〇年間を視野に入れて、ラオスの森林植生や森林利用がどのように変化してきたのかを概観しよう。現在進行形の変化がいくら急激なものであっても、ラオスという空間が本来的にもつ特性、すなわち環境を完全に改変できるわけではない。ラオスの将来は、ラオスの環境のもとで成り立つ。それでは、ラオスが育んできた森林と人との関係とは何か。それを見極めるために、あえて一〇〇年間という時間スケールを設定するのである。

## 一　一〇〇年間の森林動態

一八九三年、フランス・シャム条約により、メコン川左岸がフランス保護領となった。そして一八九九年、ラオスがインドシナ連邦に編入された。それ以降、フランスは、植民地としてラオスを統治するようになった。フランスのインドシナ統治の最大の関心事は、南部のメコンデルタと北部の紅河デルタの農業開発だったが、同時に森林の保全と開発にも取り組んだ。ドイツとの国境に近いナンシーの国立林業学校で、ヨーロッパアルプスにおける森林保全や流域管理の経験にもとづいて体系化された造林学や森林経営、森林法を学んだ植民地官僚が、インドシナに派遣された（de Steiguer 1994：19）。

最初に取り組んだのは、森林分布の把握であった。シャベールとガロア（Chabert and Gallois）は、一九〇八年に仏領インドシナの土地利用図を作成した。この地図は、仏領インドシナの植生を示すもっとも古い地図のひとつである。土地利用は、「密な森林」、「疎な森林」と水田の三つに区分されている。「密な森林」と「疎な森林」をどのように定義しているのかは定かではないが、おそらく樹木の被覆率にもとづいているものと考えられる。オリジナルの地図の縮尺は二〇〇万分の一であった（Thomas 1999：237-242）。

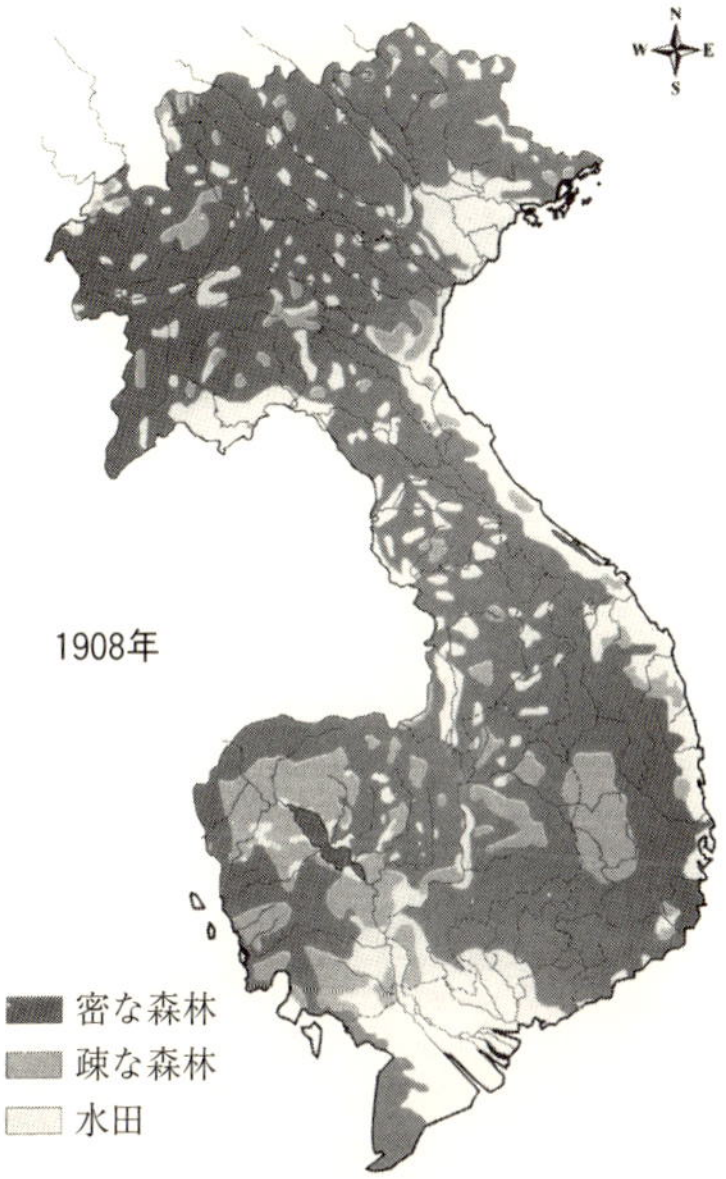

図１　仏領インドシナの1908年の土地利用
（Thomas 1999：234 より）

この地図によると、パックセーからチャンパサックにかけてのメコン川沿い、サバンナケート周辺、ヴィエンチャン平野とルアンパバンの北側、ウー川河口周辺にまとまった水田が分布している。また「疎な森林」は散在しているが、ナムグム川上流域と北部のムアンサイ周辺に少

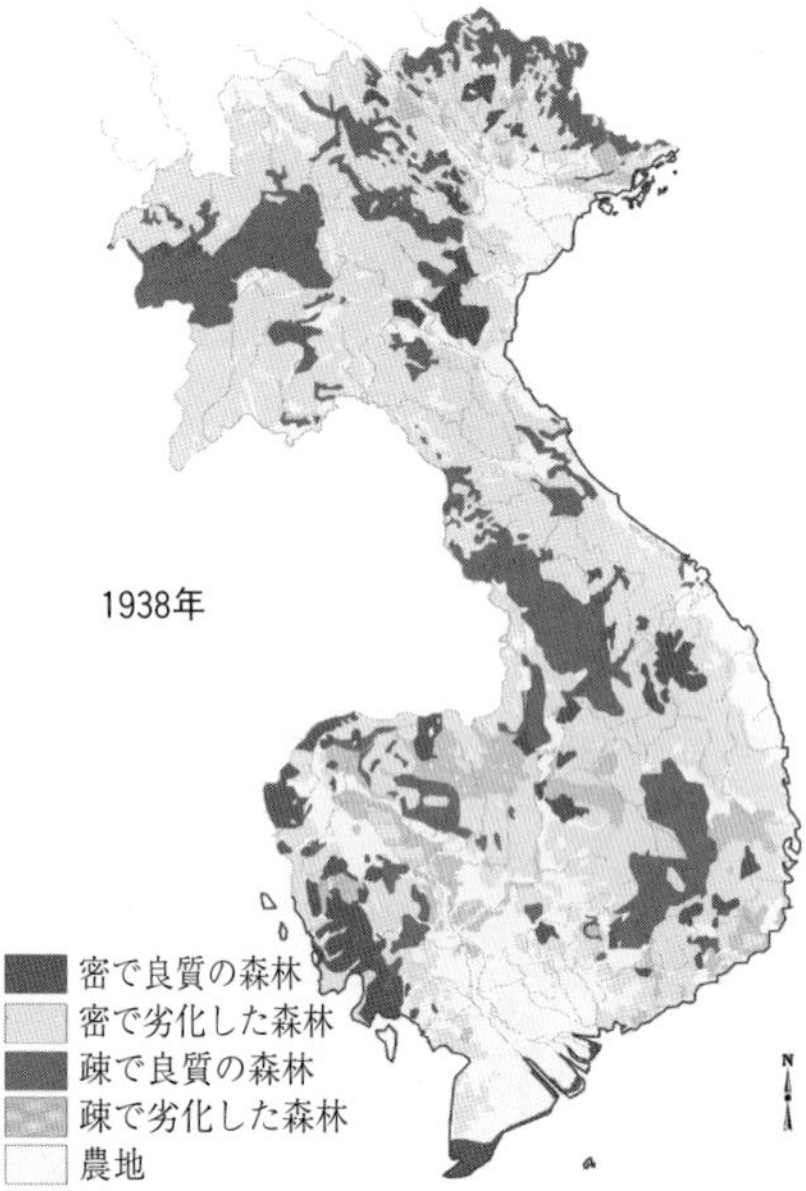


図2　仏領インドシナの1938年の森林分布
（Thomas 1999：235 より）

し大きな塊がある。これら以外の地域、すなわち今日の国土の大部分は「密な森林」に区分されている。

次に、モーラン（Maurand）により森林分布図が作成された（図2）。発行年は一九四三年である。この図では、森林は四つに区分され、森林被覆に加えて、樹高や樹種構成などの森林の質も評価されている。一九〇八年の土地利用図と比較すると、平野部では各区分の分布が細かく記載されるようになり、測量精度が向上したことを読みとることができるが、山地部の測量の精度に関しては顕著な変化を読みとることができない。

一九〇八年と一九三八年の森林分布の大きな違いは、北部のボケオからメコン川やその支流のベン川やウー川沿いにかけての地域と、南部のサバンナケートからボロヴェン高原にかけての地域において、「密な森林」から「疎な森林」へと変化したことである。この間に、植民地政府主導による森林伐採が進行したのである。木材は、北部ではボケオからタイ側へ、南部ではメコン川沿いにサイゴンへと搬出された。また南部のボロヴェン高原ではコーヒーのプランテーションが開発された。二つの地域における森林植生の変化はこれらの開発事業の結果であろう。しかし、図2に示されているような広大な地域で、森林植生が均質に変化するのは不自然である。二つの地図は、現地踏査と県役所からの報告にもとづいて作成されたものであり、すべての県が同じ基準で森林植生を評価したかどうかは疑わしい（Thomas 1999：237-242）。このような基準のぶれが、この森林分布図には反映されているものと考えられる。

この地図が作成された後、ラオスは戦争の時代に突入する。一九四〇年代から六〇年代にかけて、第二次世界大戦における日本による占領、抗仏戦争、王国政府と左派勢力との内戦が続いた。そして一九七五年にラオス人民民主共和国が成立し、戦争の時代は幕を閉じた。しかし、その後も、社会主義経済の導入や農業の集団化による生産や物資流通の停滞、さらに難民の流出が、経済的、社会的な混乱を引き起こしてきた。ラオス政府が国土を管理する体制を本格的に作りはじめたのは、一九八〇年代後半になってからである。

外国からの財政的、技術的支援を受けたラオス政府は、リモートセンシングを利用した森林資源のモニタリングに着手した。近年では、植民地期とは比較にならない高精度の土地利用図や森林植生図が作成されつつある。それらのなかで代表的なものが図3に示した一九九八年の森林分布図である。これは、メコン委員会（Mekong River Commission）とドイツの援助機関（Deutsche Gesellschaft für Technische Zusammenarbeit）が共同して作成したもので、データソースは、一九九六～九七年に撮影されたランドサットTM画像である。人工衛星画像の解析とフィールドワークを組み合わせることにより、森林タイプを、乾燥常緑林、落葉混交林、乾燥フタバガキ林、針葉樹林、竹林、再生林（焼畑耕

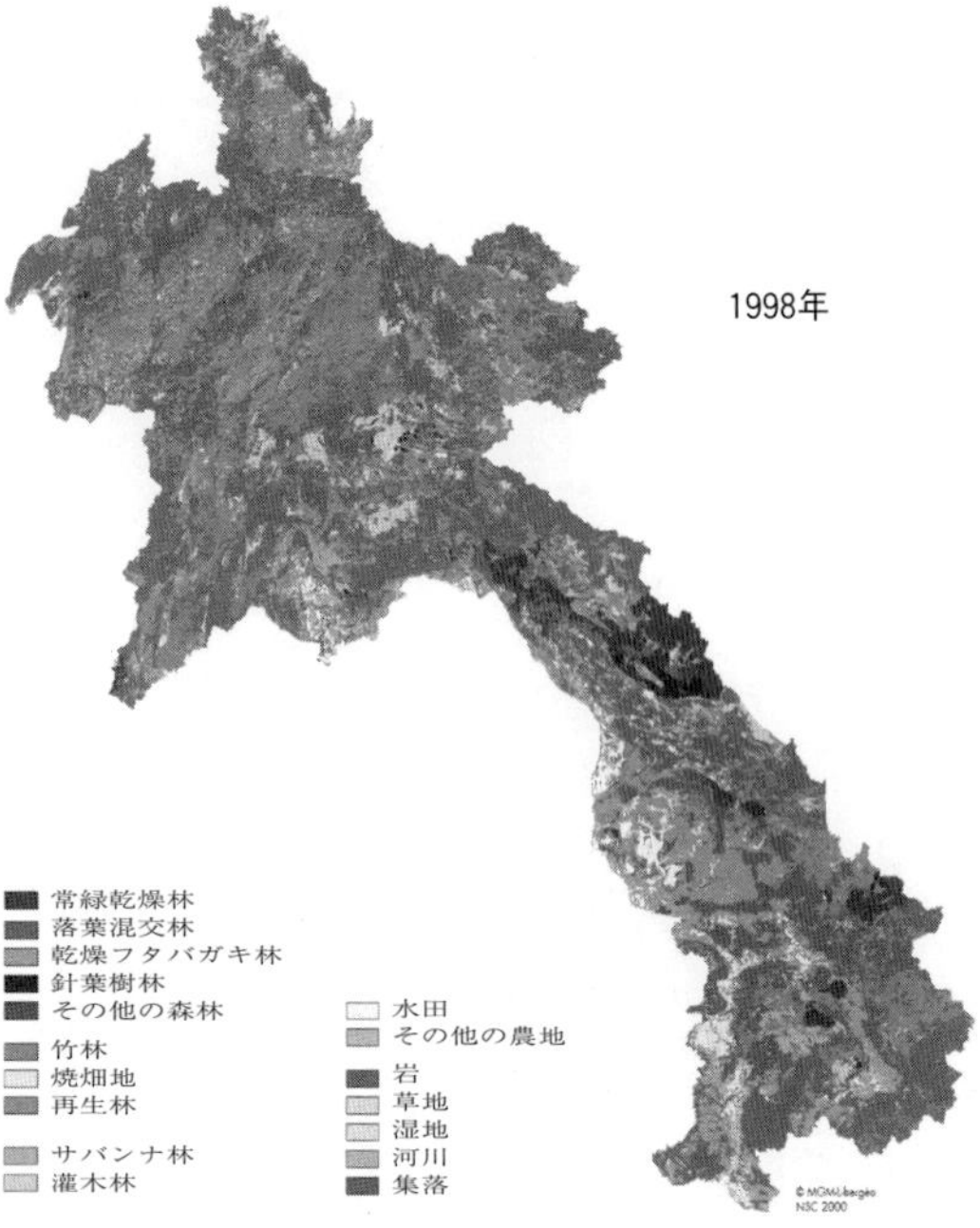


図3　ラオスの1998年の森林分布
（Sisouphanthong and Taillard 2000：21）

作後の休閑林）などに区分している（Sisouphanthong and Taillard 2000：20-21）。

一九三八年から一九九八年にかけての六〇年間で森林はどのように変化したのだろうか。二枚の地図では、地図の作成方法も精度も異なる。また異なる森林区分を採用している。したがってこの二枚の地図の比較はきわめて難しい。しかし両者の地図に共通している特徴は、国土の大部分が森林に覆われていること、しかし森林の面積や質、すなわち森林被覆の大小や森林タイプ（樹種構成）や樹高は多様性に富み、さまざまな森林がまだら状に分布していることである。

統計データからも同様の傾向が読みとれる。一九六三年の国土面積に占める森林面積の割合は六四％であった。もちろん当時の統計データの精度はきわめて疑わしいといわざるをえない。リモートセンシングが利用されるようになって以降の森林面積の割合は、一九九〇年には七五％、九五年には七二％、そして二〇〇五年には七〇％と推定されている（FAO 2005）。リモートセンシングの技術開発は急速に進んでおり、人工衛星画像の解像度はこの間に大きく改善された。土地利用や森林植生の判定は、リモートセンシング技術に大きく依存しているため、推定値にばらつきが出るのは当然である。これらの統計データに内在する誤差を前提としても、ラオスの森林の特徴として、この一〇〇年間、森林面積に劇的な変化が起きていないことを指摘できるだろう。

一九三〇年代にラオス北西部で焼畑民ラメットを対象にフィールドワークを実施した人類学者のイズコヴィッチは、「調査村の周辺はすべて森林に覆われているが、一方で人間の手が入っていない原始林はほとんどみられない」と述べている（Izikowitz 1979：35）。筆者は、二〇〇五年に彼の調査村周辺を訪問したが、そこで目にした景観は、彼のモノグラフに多数所収されている写真と大差ないものだった。

## 二　森林・土地管理の変遷

ラオスは、面積という観点では、広大な森林を残してきた。二〇〇五年の森林面積率七〇％は、国境を接するタイの二八％やベトナムの四〇％と比較して、格段に大きい。経済発展の度合いがさして違わないカンボジアでさえ五九％でしかない。じつは、この数値は、東・南アジアの二三カ国でトップである。それを僅差で追っているのが日本である（FAO 2005）。ラオスの森林を間近でみている人びとは、森林植生の劣化や生物多様性の損失を指摘する。これは紛れもない事実である。しかし一方で、東アジアから東南アジアにいたる地域を鳥瞰した場合、近隣諸国で森林が顕著に荒廃したこの一〇〇年間、ラオスでは比較的に森林が保全されてきたことが指摘できる。それはなぜか。フランス植民地政府やラオス政府の努力の成果なのだろうか。

### フランス植民地政府

フランス植民地政府は、焼畑農業に代表される地域住民による「無秩序な」森林利用に代わって、ヨーロッパアルプスでの経験にもとづいた森林の近代的管理をすすめようとした。そのための森林保全施策は大きく以下の三つにまとめることができる（Cleary 2005）。

第一は、森林保護区の設定である。これには二つの目的がある。森林生態系の保全と将来的な伐採用材の確保である。保護区には、経済的に価値のある樹種として、シタン、コクタン、ビャクダン、マホガニーなどの稀少樹のみならず、タキアン（*Hopea odorata*）やトンキンエゴノキ（*Styrax tonkinensis*）、ウラジロアカメガシワ（*Mallotus cochinchinensis*）などがあった。いずれの目的のためであれ、この施策は森林を地域住民の生業や生活から切り離すためのものであり、地域住民の森林保護区へのアクセスは厳しく制限された。また、焼畑休閑地のみならず、蜂蜜などの森林産物を採集していた土地や畑地、さらに集落までもが森林保護区と設定されることがあった。

第二は、地域住民居住区の設定である。これは、地域住民に、自由に使える土地を与えるのと引き換えに、その外側の土地や森林の利用を制限しようとするもので、森林保護区の設定と対をなす施策である。地域住民には、休閑期間一五年の焼畑を想定して居住区が与えられた。すなわち毎年の耕地の一五倍の面積が居住区設定の目安になった。しかし、人口が増加すれば、耕地面積は拡大せざるをえない。また、感染症が蔓延したり火事が発生したりすると集落は移動する。地域住民にとって、居住区の固定は決して受け入れることのできない施策であった。

第三は、法制度の整備である。二〇世紀初頭に森林管理のための行政組織が設立された。その後、さまざまな文書が断片的に公布されたが、それらは首尾一貫性を欠くものであり、かつ農業行政と重複したり齟齬《そご》をきたしたりするものであった。これらの試行錯誤を経て、一九三〇年に「森林法（Code Forestier）」が公布された。これは、森林資源の集約管理と有効利用を促進するために、原生林へのアクセスの厳禁や焼畑の抑制と禁止、森林産物採取の制限などを規定したものである。これにより、森林行政の法的基盤が確立された。

このようにフランス植民地政府は、徐々にではあったが着実に森林管理制度を整備した。それではこの制度整備は、ラオスの森林や焼畑民にどの程度の影響力をもっていたのか。残念ながら、これを直接、立証する資料は乏しい。しかし、森林保護区は、現在のカンボジアやベトナムには多数設定されたが、ラオスには数カ所しかなかったことは明らかにされている（Cleary 2005：262）。森林事務所も、カンボジアやベトナムでは二〇世紀初頭から開設されたが、ラオスには、一九三九年にヴィエンチャンに開設されるまで、森林事務所がなかった（Thomas 1999）。これらは、フランス植民地政府が、現在のベトナムやカンボジアと比較して、ラオスでの森林行政にさして精力的に取り組んでいなかったことを示唆している。

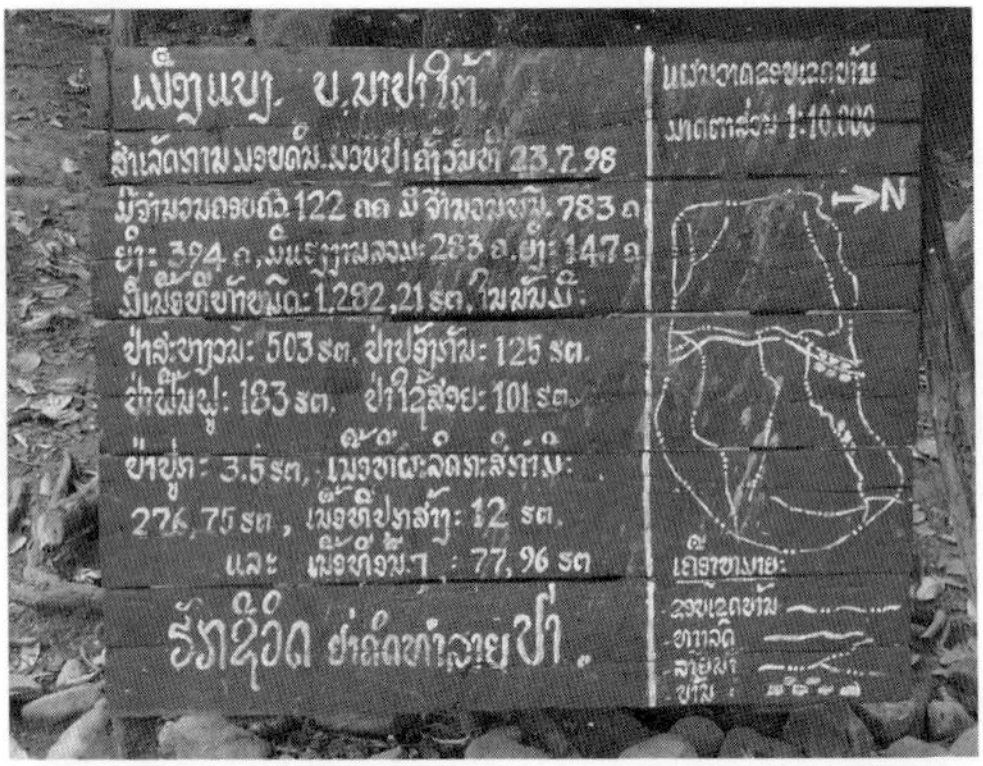

写真１　土地森林分配事業によって作成された村落の土地利用図。左側には各土地利用区分の面積が，右側にはその分布が示されている（2003年７月，ラオス北部ベン川流域の村にて）

## ラオス政府

その後、戦争の時代を経て一九七五年に成立したラオス人民民主共和国政府は、どのような森林保全の制度を構築しようとしているのだろうか。これまでのところ、それは、「森林法」（一九九六年）を法的基盤として、「国レベル保護地域設定に関する首相令」（一九九三年）と「土地と森林分配に関する農林省令」（一九九六年）にもとづいて実施されている（百村 二〇〇一）。

「保護地域設定に関する首相令」は、生物多様性保護地域の設置を定めたものである。二〇〇六年までに二〇カ所、合計三三一万ヘクタールが生物多様性保護地域に指定された。この面積はじつにラオスの国土の一四％を占めるにいたっている。

また「土地と森林分配に関する農林省令」によって実施されている土地森林分配事業は、行政村を単位として、地理的な境界を定め、その領域を、宅地や農地のほか保護林、保安林、生産林、衰退林、再生林に区分したうえで、地域住民に農地と林地の使用権を付与し、同時に、土地利用区分ごとに使用目的を限定しアクセスを制限するものである。そのために、郡の農林事務所スタッフが、行政村の村長などを対象として諮問しながら、地図作成の作業をすすめている（写真1）。焼畑が卓越する地域では、農業的な土地利用が許される面積が、毎年の耕地面積の三倍を超えないように制限されている。すなわち、焼畑を継続するならば、一年耕作、二年休閑という短期のサイクルを適用しなければならない。

これら二つの事業は、開始されてからまだ十分な時間が経過していないために、その有効性を判定するのは困難である。土地森林分配事業は、予算の制約があるために、アクセスのよい村から遠隔地の村へと徐々にすすめられており、いまだラオスのすべての村落をカバーしているわけではない。しかし、生物多様性保護地域での違法耕作などが多数、報告されている（百村 二〇〇七）。これらの事例は、現行の施策に則った森林保全がかならずしも円滑に実施されていないことを示している。

このようにしてみてくると、この一〇〇年間、ラオスの森林が保全されてきた要因として国家の取り組みを挙げることが困難なことは明らかである。フランス植民地政府やラオス政府が森林保全に努力したから、ラオスに森林が残っているわけではない。さらに興味深い点は、今日のラオス政府の森林保全への取り組みが、フランス植民地政府とほぼ同じ戦略に則ったものであることである。戦争の時代をはさんでいるが、森林政策には継続性がある。これをどのように評価するべきかは大きな課題である。ヨーロッパアルプスと東南アジア大陸山地部という環境の違いをこえて、この森林政策は有効なのだろうか、それとも私たちは、東南アジア大陸山地部という環境に適した森林政策をまだみつけられないでいるのだろうか。

## 三　慣習的な土地利用秩序の形成

植民地政府によるものであれ、近年のラオス政府によるものであれ、この一〇〇年間、国家による森林管理が十分に機能してきたとは決していえない。それにもかかわらず、ラオスの森林は、例えば本書で取りあげているマレーシアのサラワクにみられるような劇的な劣化を経験していない。これをどのように説明すればよいのか。

この問いを、世界のある地域では、ある時代、森林面積が急激に減少しているのに対して、他の地域では森林面積が維持されている、これはなぜか、という普遍的な問いとして考えることもできる。この問いは、とりわけ政治や経済のグローバル化が進行している現在、きわめて興味深い。それにこたえるためには、自然環境や地域経済の構造、資源ガバナンスなど、さまざまなアプローチからの分析が必要である。長期的な視点に立ってこの問いを真摯に分析することは、人と自然の共生のあり方や資源としてのバイオマスの持続的利用に関する、人類社会が共有すべき指針作りに欠かせない作業である。

しかし、ここでは、この問いに対して、ミクロなメカニズムの検討というアプローチで迫ってみよう。すなわち、地域住民は森林をどのように認識し、利用してきたのか、という視点である。地域住民にとって、森林は、農地や菜園、居住地などとともに彼らの生活空間を構成する。森林のみが切り離されて存在しているわけではない。そこで、ラオスでは、地域住民が生活空間の土地利用システムをどのように作りあげてきたのかという点から検討を始めよう。

ラオス北部を含む東南アジア大陸部は、山間盆地と山地斜面からなる。山間盆地では、井堰《いぜき》灌漑《かんがい》による水田水稲作が、山地斜面では焼畑による陸稲作が営まれている。焼畑がさかんなラオス北部の七県、すなわちポンサリ県、ルアンナムター県、ウドムサイ県、ボケオ県、ルアンパバン県、フアパン県、サヤブリ県では、焼畑陸稲作は、一九八〇年代までは、面積、生産量とも稲作の約七〇%を占めていた。しかし、その後、水田面積が拡大するとともに、水田水稲作に集約的な栽培技術が導入された一方、焼畑陸稲作には技術改善がみられなかったために、近年では、焼畑陸稲作の稲作に占める割合は、面積で六〇%、生産量では四〇%にまで低下している（Department of Agriculture 2001)。

写真２　ラオス北部パック川上流域の山間盆地。井堰で灌漑された水田が広がる。盆地周辺の山地は水源涵養林で覆われている（2004年５月）

この二つの稲作は、どちらも、森林をふくむ土地利用システムのもとに成り立っている。

安定した水田水稲作を営むためには灌漑が必須である。山間盆地における灌漑は、多くの場合、盆地を形成する本流河川ではなく、周辺の山地から本流へ流れ込む支流河川を水源として利用している。さして規模の大きくない支流から安定した水量の用水を取水するためには、支流流域の森林を保全しなければならない。これが水源涵養林である。一九八〇年代から九〇年代前半にかけての人工衛星画像の分析から、ラオス北部のウドムサイ県パック川上流域では、水田面積の五〜一二倍の水源涵養林が保全されていることがわかった（写真2）。水源涵養林は、水田水稲作民が用水を確保するために保全してきた森林である。しかしその領域を示した地図や、その土地の利用方法を記した文書があるわけではない。この管理は、親から子へと、そして村のリーダーから若者たちへと、生業の知恵として受け継がれてきたものである。

一方、焼畑陸稲作は、耕作と休閑をくり返す農法である。ラオス北部では、一回の耕作に続いて七〜一五年の休閑をとるのが一般的だったが、近年は休閑年数が短縮される傾向にある。先に述べた調査地では、耕地面積の四〜九倍の面積の休閑地がみられた。休閑地は、耕作後三〜五年で草本植生から木本植生へと遷移する。このようにして蓄積されるバイオマスが次の耕作の養分の源である。森林産物を採取するために、木本植生の回復を早める工夫をしている焼畑もある。香水の成分となる安息香はトンキンエゴノキの樹液であり、樹齢六〜七年になると採取することができる。そのため、陸稲作の除草にさいして、トンキンエゴノキの苗木を残して、焼畑耕作後には速やかにトンキンエゴノキが成長するようにしている。

このように、水田水稲作であれ、焼畑陸稲作であれ、人びとは、彼らが生きていくために必要な食料を生産し、商品作物を採取するために森林を必要としている。そのために、水田水稲作民の集団でも、焼畑陸稲作民の集団でも、森林を利用しながら保全する知恵が継承されてきた。

それでは、これら二つの集団間には、どのような関係が構築されてきたのか。二つの集団は、東南

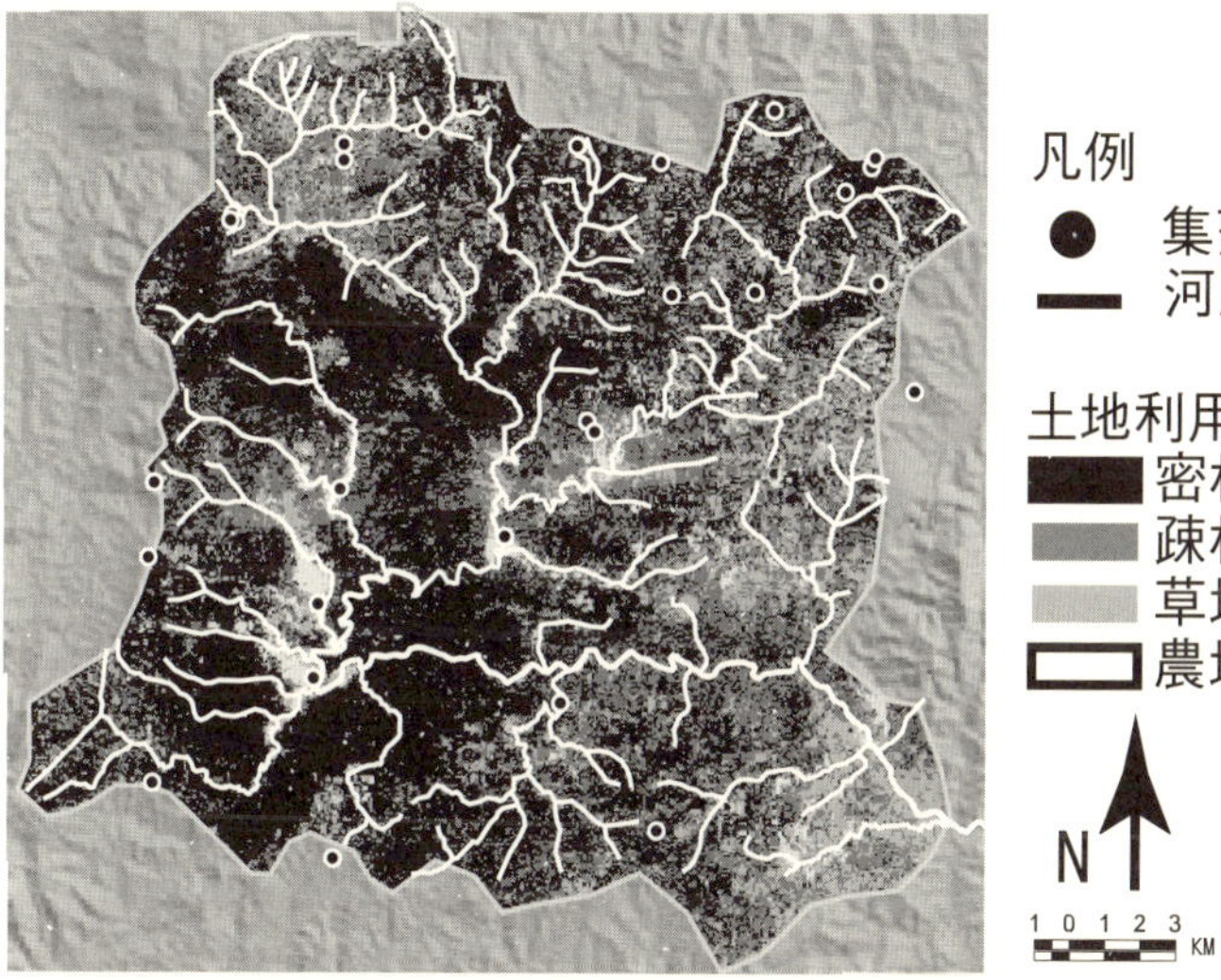

図4　ラオス北部パック川上流域の1970年代の農地と森林の分布
(1971年のコロナ画像より作成)

アジア大陸山地というような大きなスケールでみると混在しているが、近寄ってみると、それぞれの領域を維持してすみ分けてきた。私たちが調査をしてきたラオス北部のパック川上流域の山間盆地では、盆地周辺に森林がドーナツ状に残されている（図4）。これが盆地の水田を潤す水源涵養林である。その外側には、さまざまな成長段階の林地が分布している。これが休閑林である。すなわち山間盆地に居住し、盆地面で水田水稲作を営む集団と、山地に居住して焼畑陸稲作を営む集団それぞれが利用する空間は混ざり合っていない。すみ分けてきたと考える根拠である。

しかし、このすみ分けがどのような社会的なメカニズムによって維持されてきたのかはまだ判然としていない。何らかの社会的なメカニズムが働いていなければ、焼畑地が流域界を越えて水源涵養林へと拡大したはずである。このような越境はなぜ抑制されてきたのか。そのヒントになるのが、ガーン・ピー・ムアン（*kan pii muang*）とよばれる儀礼である。これは、盆地の村において、その盆地で水稲作を営む人びとのみならず、周辺の山地で焼畑を営む人びともすべて集まって土地の守護霊を祭る儀礼で、毎年、イネの収穫後、長い年には一カ月にわたって、短い年でも一週間かけて、実施されていた（富田ほか 二〇〇八）。水田水稲作民と焼畑民が、全員参加という形で交流する機会を、盆地村が主催していたのである。このような機会が、集団間の情報交換のみならず、両者の利害関係を調整する場として活用され、そこに生業のタイプを超えた地域社会の秩序が形成されていたのではないかと考えられる。

フランス植民地期を通じて実施されてきたこの儀礼は、一九七五年にラオス人民民主共和国が成立すると、政府の命令によって廃止された。社会主義下における宗教的活動を抑制する政策の一環と考えられるが、そこに内在していたかもしれない地域社会の秩序維持という役割には十分な配慮がなされなかったようである。一九八六年になると、ガーン・ピー・ムアンは復活した。しかしそれは、かつて儀礼を主催していた村の住民だけが参加する儀礼へと変容した。地域社会の秩序を維持するメカニズムは、これまでとは別の形で用意されなければならない時代になったのである。

地域住民は、彼らの生業基盤となる土地利用システムに森林を組み込むことにより、森林を保全してきた。慣習的な土地利用秩序は、森林の分布や植生を経年的には変化させるものであったが、長期的には森林劣化を抑制する仕組みをそなえていた。この仕組みこそが、過去一〇〇年間、ラオスの森林を保全してきた主要なメカニズムの一つである。

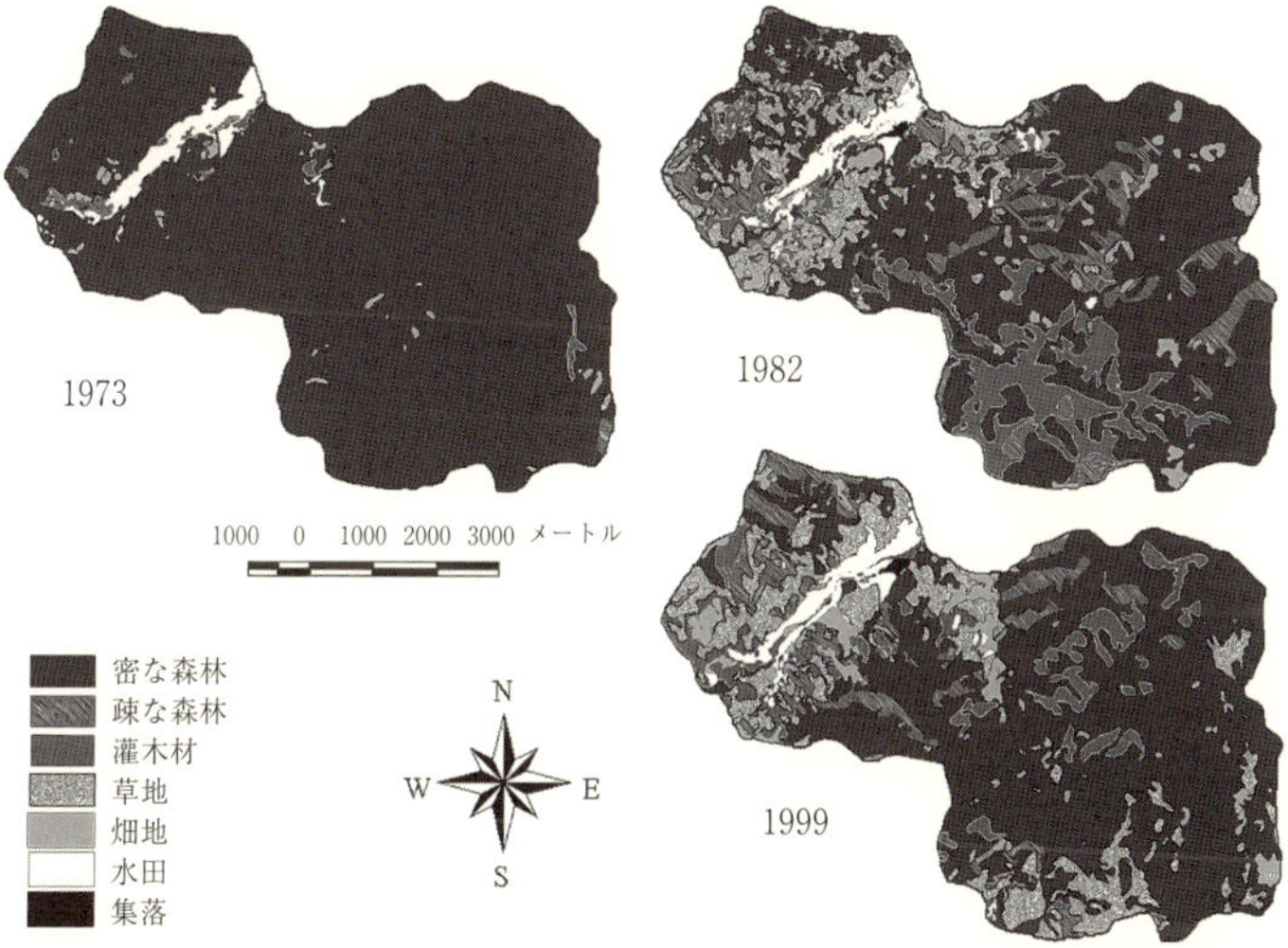


図５　ラオス北部ベン川流域の一農村における土地利用変化（Saphangthng 2007）

## 四　不可逆的な森林の劣化

ここまで、ラオスの森林が残されてきたことに焦点をあてて話をすすめてきた。しかしラオスにおいても、森林面積が減少していることは紛れもない事実である。そこで次に、どのような局面で森林が減少したのかを考えてみよう。

慣習的な土地利用秩序が森林の維持に貢献してきたことは先に述べた。逆に、何らかの理由で慣習的な土地利用秩序が機能しなくなったときに、森林は減少してきたのである。

図５は、ラオス北部のベン川流域のある村の土地利用の変化を示している。西側を貫流するベン川沿いに集落があり、かつて村人はその谷間で水田水稲作を営んで暮らしていた。ベン川の両岸の里山では、菜園や果樹、あるいは米不足を補うための畑作が営まれていた。しかしそ

の規模は小さく、山地の大部分は森林に覆われていた。このような様子を、一九七三年の土地利用図から読みとることができる。

しかし、わずか九年後の一九八二年には様子が一変する。ベン川沿いの集落や水田に顕著な変化はないが、里山のみならず集落から遠く離れた山地まで、畑地と草地、潅木林、疎林、密林がモザイクをなす空間へと激変した。注意深くみると、里山には草地が多くみられるのに対して、集落から遠く離れた山地では潅木林や疎林が広く分布している。これは、この森林植生の劣化が、里山では焼畑によって、集落から遠く離れた山地では木材伐採によってもたらされたものであることを示唆している。それから一七年後の一九九九年になると、里山の草地がさらに拡大している、集落から遠く離れた山地では森林植生の回復がみられるが、この一七年間の変化は、それ以前の九年間の変化と比較すると、きわめて小さいものである。

密林の面積は、一九七三年には村全体の九五％を占めていたが、一九八二年には五七％へと急減し、一九九九年には五八％とわずかに回復した。これに対して、疎林、潅木林、草地の合計面積は、一九七三年には二％であったのが、一九八二年には三六％と急増し、その後、変化していない。菜園などの常畑と焼畑耕地の合計は、一九七三年は一％であったのが、一九八二年には五％に急増し、その後、わずかに減少して一九九九年には四％となった。水田面積は、一九七三年の二％から一九九九年の三％へとわずかに増加している。

現在、この村の住民は、水田水稲作と焼畑陸稲作の両者を生業として生活している。どちらかというと陸稲の比重が大きい。集落の周囲には焼畑地が広がり、深い森はみえない。ここで示したデータは、水田水稲作にのみ依存した生活から、水田と焼畑の両者に依存する生活への変化が、徐々に進行したのではなく、一九七〇年代後半から八〇年代前半にかけて、一気に進行したことを示している。すなわち、そのとき、水田水稲作と水源涵養林という土地利用秩序が崩壊したのである。

土地利用秩序の崩壊はどのような社会的状況下で起こったのだろうか。一九七〇年代後半から八〇年代前半は、ラオスが苦しんでいた時代である。社会主義国家の建設に着手したが、天候不順も手伝って、農業集団化などの農業・農村政策が貫徹できなかった。外国からの援助も限定的であったために国家財政は逼迫し、地方行政はほとんど機能しなかった。戦争から解放された軍隊は自活せざるをえなかった。このような社会的な背景のもと、ベン川流域でも、地域住民に加えて、外部からやってきた人びとによって、ケシの栽培や木材の伐採がさかんにおこなわれるようになった。同時に、戦争が終結し、社会的な秩序が回復したので、それまで息を潜めて暮らしていた焼畑民が、より豊かな農地を求めて移住するようになった。

このようなラオス社会全体を巻きこんだ時代の動きの前で、地域住民が継承してきた慣習的な土地利用秩序は無力である。この村の土地利用秩序の崩壊の引き金を引いた決定的要因を特定することはできない。しかし、外部からやってきた人びとによる自然資源の搾取、焼畑民の移住、そして村人自身による焼畑の拡大が、一九七〇年代後半から八〇年代前半という時代の雰囲気を共通の基盤として進行したことが、その要因といえるのではないだろうか。それまで維持してきた水源涵養林が、彼ら自身の手では抗うことのできない動きによって搾取されるという状況下では、彼ら自身も先を争って森林を収奪的に利用せざるをえないのである。このような相互作用が、写真2に示された急激な土地利用の変化と森林の劣化を引き起こしたといえる。

慣習的な土地利用秩序は、決して強固なものではない。社会が、大きく変革しようとしている時代には、外部からのみならず、内部からもこの秩序を崩壊しようとする力が発生する。慣習的な土地利用秩序は、安定した地域社会秩序のもとにのみ機能するものだからである。

## 五　これからの森林保全に向けて

この一〇〇年間、ラオスの森林は、他の国と比較するならば、よく保全されてきた。森林を維持してきたメカニズムは、国家の管理ではなく、地域住民が形成し維持してきた土地利用秩序にあった。しかし、この慣習的な土地利用秩序は決して強固なものではなく、社会の変革期には無力であった。先に述べたように、ラオス政府が「チンタナカーン・マイ」(新思考)政策を打ちだしたのは、一九七〇年代後半から八〇年代前半のこのような時代を経た後のことであった。またこれも先に少しふれたように、木材輸出が急増した一九二〇年代後半から三〇年代にかけてもこのような時代であったのかもしれない。

私たちは、今、この一〇〇年間の経験を真摯に検討しなければならない状況に直面している。おそらく一九九〇年代後半から、この一〇〇年間で三回目の変革期を迎えているからである。冒頭で述べたように、この変革期の背景には、市場や環境をめぐる世界的な動きがあり、それが圧倒的な力でラオス国内の地域社会に押し寄せつつある。わずかな引き金が、さまざまな内外の動きを誘い、結果として不可逆的で大規模な森林劣化を招いてしまうことは十分に考えられる。

一〇〇年の経験が教えてくれるのは、第一に、生業に組みこまれた慣習的な土地利用秩序があり、それが地域社会秩序のもとで機能してきたことである。このような仕組みを完全に取り払って、秩序ある土地利用を実現する新たな仕組みに取り替えることは不可能である。第二に、ラオスの土地利用や森林保全のための技術や制度は、ラオスの環境を前提としなければならないことを再認識することである。国家による森林管理ではなく、地域住民による秩序形成が森林保全を支えてきたことの意味を吟味する必要がある。そして第三に、慣習的な土地利用秩序は脆弱なものなので、それを強化するための方策を検討することである。土地利用秩序を支える重層的な構造を構築すると言いかえてもよいし、国家の制度に慣習的な土地利用秩序を位置づけると考えてもよい。


参考文献

富田晋介、河野泰之、小手川隆志、ムタヤ・ベムリ・チューダリー　二〇〇八『東南アジア大陸山地部の土地利用の技術と秩序の形成」、クリスチャン・ダニエルス編『モンスーン・アジアの生態史――地域と地球をつなぐ　第2巻　地域の生態史』東京：弘文堂。

百村帝彦　二〇〇一「ラオスにおける保護地域管理政策の課題――地域における実態を反映した実効性のある政策へ向けて」『林業経済』六三八：二一―三三。

――――　二〇〇七「地方農林行政の目こぼしが地域住民の森林管理に与える影響――ラオスの保護地域の森林管理を事例に」東京大学大学院農学生命科学研究科博士論文。

ラオス文化研究所（編）二〇〇三『ラオス概説』東京：めこん。

Cleary, M. 2005. Managing the Forest in Colonial Indochina c. 1900-1940. *Modern Asian Studies* 39 (2): 257-283.

Department of Agriculture. 2001. *Agricultural Statistics of Lao PDR 1975-2000.* Vientiane: Ministry of Agriculture and Forestry, Lao PDR.

FAO. 2005. *Global Forest Resources Assessment 2005.* Rome: FAO.

Izikowitz, Karl Gustav. 1979. *Lamet: Hill Peasants in French Indochina.* New York: AMS Press.

Saphangthng, T. 2007. Dynamics and Sustainability of Land Use Systems in Northern Laos. 京都大学大学院アジア・アフリカ地域研究科博士論文。

Sisouphanthong, B. and C. Taillard. 2000. *Atlas of Laos.* Chiang Mai: Silkworm.

de Steiguer, J. E. 1994. The French National Forestry School. *Journal of Forestry* 92 (2): 18-20.

Thomas, F. 1999. *Histoire du Regime et des Services Forestiers Francais en Indochine de 1862 a 1945.* Hanoi: The Gioi.

# うつろいゆくサラワクの森の一〇〇年
## ——多様な資源利用の単純化

市川昌広

### 一　多種多様な生物がすむ森

赤道直下、東南アジア島嶼部の真ん中に存在するボルネオ島。多くの日本人が、その自然のイメージとして抱くのは熱帯雨林であろう。そこでは一年を通じて雨が多く、明瞭な乾季がない。高温多湿の恵まれた環境下、樹高五〇メートルを超す木々により構成された巨大な森は、多種多様な動植物の生息場所となっている。世界でもっとも生物多様性が高い場所のひとつである。

ここに暮らす人びとのなかには、華人のようにここ一、二世紀の間に移住してきた人びともいる。その一方で、すでに数十世代にもわたり、森やその周りにすみ、焼畑農業や森林産物の採集などによって暮らしてきた人びとがいる。本章でいう「森にすむ人びと」はこの後者をさす。そもそも、ボルネオ島は人口の希薄な土地である。一六〇〇年ごろのボルネオ島の人口密度は、平方キロあたり一人に満たないと推定されている（Reid 1988）。だが、とくにここ三〇年ほどの間に人口が急増してきた。とはいえ、それでもマレーシアのサラワク州の場合、人口密度は二〇人に届かない。人びとは、旺盛に生育する森の中に埋もれるようにして暮らしてきた。

こうした、旺盛な森、希薄な人口といった環境から、ボルネオ島の暮らしは外界から閉ざされており、人びとは自給的な暮らしを送ってきたと想像されるかもしれない。しかし、相当以前から、熱帯雨林より採集される物品は、中国、アラブなどとの交易にさかんに利用されてきた。今日にいたっても、グローバル経済の影響を大きく受けながら森林利用・開発が進められている。

前述のようなボルネオ島の生態的あるいは社会的な特徴は、近年にいたるまでのボルネオ島の森林利用のあり方に大きく影響を及ぼしている。本章では、ボルネオ島の森林利用がどのように変化してきたのか、おもに今日までの一〇〇年ほど、つまり二〇世紀以降をふり返りつつ述べていこう。そのことにより、最近二〇年ほどでみられる森林利用は、それまでの利用とは大きく異なっており、熱帯雨林にこれまでとは比類のない打撃を与えていることがわかる。

本章は、同時に、以下に続く各章で論ぜられるボルネオ島の森林産物利用、森林政策、森林開発について、東南アジア大陸部と比較するさいの歴史的背景を提供する。今日のボルネオ島は、インドネシア（西・南・中央・東カリマンタンの四州）、マレーシア（サバ、サラワクの二州）、およびブルネイの三カ国に分かれている。植民地統治およびその後の各国の森林・土地政策は、国や州によって異なっている。このため、ここでは、以下の章でおもな舞台となるマレーシア・サラワク州を中心に話を進めていこう。

## 二　一九世紀以前の森林利用の概要

ここ一〇〇年ほどの出来事を対象にするのは、ボルネオ島と東南アジア大陸部の森林を比較するうえで、両地域の森の劣化・減少が際立って進行した期間だからである。しかし、ここでは、まず一九世紀以前、ボルネオ島ではどのように人と森とがかかわってきたのかを簡単にふり返ることから始めよう(1)。このことにより、ボルネオ島の森林利用の変遷をより的確につかむことができると考えるからである。

東南アジア島嶼部をとりまく海は、一五世紀から一七世紀ごろ、日本を含め、ヨーロッパ、中国などとの交易がさかんであったことから、しばしば「交易の海」とか「海のシルクロード」などとよばれている。しかし、それよりずっと以前、すでに紀元前後には森林産物や海産物が中国に運ばれていた記録がある。中国との交易がとくに活発になるのは、一〇世紀以降、とくに宋代からである。宋の国策としての交易の拡大や、庶民の経済力の上昇など、当時の社会的な要因から、東南アジア島嶼部の森からとれる森林産物の需要が高まった。サイの角、ジャコウネコの肝臓、ツバメの巣、樟脳《しょうのう》、香木などが宋へ運ばれたのである。貿易相手は中国ばかりにかぎらず、一三、一四世紀以降は、アラブやインドとの交易もさかんになった。大きな河川の河口には、森林産物とそれを交易する人びとが集う交易の拠点として港市が形成され栄えた。海によって人や物の行き来が断絶していたのではなく、逆に交通路として交易が促進されていたのである。

先にあげた森林産物は、多種多様な動植物によって構成された熱帯雨林のなかに、薄く広がるようにして点在している。たとえば、香木の一つである沈香《じんこう》は、*Aquilana* 属のうち数種類の樹木の木質部に樹脂が凝結したものである。この樹木は、一ヘクタールの森の中に二、三本が生育しており、さらに、そのうち沈香を有するのは三〇本に一本であるといわれている。(2) ツバメの巣は、石灰岩地帯の森の中に点在する洞窟から採集されている。このような森林産物を採集するには、熱帯雨林の地理や生態を熟知していなければならない。このため、森林産物採集の担い手は、森にすむ人びとということになる。今日でも、彼らは生態的な知識と技を用いて、森の資源を利用しつつ暮らしている(本書の第2章および3章を参照)。他方、森にすむ人びとから森林産物を受けとり、それを河口の町まで運ぶトレーダーとして、マレー人やブギス人といったボルネオ島やその周辺の島々出身の人びとが活躍した。

つまり、一九世紀以前の熱帯雨林の利用では、中国やアラブなどボルネオ島の外の世界からの需要に応じ、多種多様な熱帯雨林の動植物の中から、価値の高い特定の動植物のみが採集対象となり、それらは森にすむ人びとによって広い森の中から抜き取られるように採集されていた。

## 三　二〇世紀以降の森林利用

一五世紀以降、東南アジア島嶼部には、コショウやマルク諸島で産出するニクズク、チョウジなどの香辛料を求めてヨーロッパの国々が進出してくる。ヨーロッパ人にとってめぼしい資源が少なかったボルネオ島に、彼らによる支配の影響が大きくなってくるのは一九世紀以降である。

サラワクでは、周辺の植民地とやや異なる統治がおこなわれた。ヨーロッパの列強国が治めたのではなく、ブルックという一人のイギリス人が、イギリスの後ろ盾を得つつも、サラワク領を形づくり統治したのである。三代にわたるブルック家の統治は、一八四一年から一〇〇年ほど続いた。今日、同じマレーシアであっても、サラワク州とサバ州、マレー半島の間に、後述するような土地利用の差がみられるのは、この時期の統治の違いが大きな要因になっていよう。しかしながら、政策的には、森林資源や土地の支配・管理を進めたという点においては、基本的に他の植民地と同様であるといってもよいだろう。

ブルックの到来以前は、サラワクに先住していた複数のエスニック・グループあるいはムラの間に働く強い統治の力は存在していなかった。社会的な生活は、慣習（adat）的な緩やかな決まりごとのなかでおくられていた。森にすむ人びとは、新たな土地あるいは森林産物を探し求めて、さかんに移動し、居住地を代えていった。それにともなう領域争いもそこここでみられ、首狩りも横行していたという（Tagliacozzo 2005）。ブルックは、サラワクを統治し富ませるために、彼らの争いを治め、秩序をもたらそうとした。当初、ブルックが治めていたサラワク領は、今日のサラワク西部に位置するクチン周辺のみであった。その後、ブルネイのスルタンからの領土の割譲により、東へ向け領土を広げていき、二〇世紀初頭にはほぼ今日のサラワク領と同じ範囲を統治するにいたった。(4)

ここからは、おおむね年代順に一九〇〇年ごろから今日までのおもだった森林利用について述べていこう。すなわち、一九〇〇年前後から一九五〇年ごろまでは「野生ゴムを中心にした複数の林産物の利用」がおこなわれ、一九〇〇年以前より今日にいたるまでは「森にすむ人びとの焼畑やゴム園での栽培」がみられた。一九六〇年代より今日までは「商業木材伐採」が広がり、一九八〇年代以降に現れた最近の潮流としては「単一作物プランテーションの拡大」がある。

## 四　野生ゴムを中心にした複数の森林産物の利用

一九〇〇年前後には、野生ゴム、籐などの森林産物が商品としてさかんに採集された。野生ゴムの代表は、ペルカゴム（*Palaquium gutta*）とジュルトン（*Dyera costulata*）である。ペルカゴムはすでに一八六〇年代より採集が始まっており、一九〇〇年に最高値をつけた。さかんに採集された背景には、当時、世界中の島・大陸間を通信で結ぶために張りめぐらされた海底電信ケーブルの絶縁体としてのゴムの需要があった。ジュルトンはチューインガムの原料とされ、一九一〇年前後にもっともさかんに採集された。こうした森林産物の貿易は、一九〇〇年代前半のサラワクの歳入を支えていた。一九二〇年ごろ、輸出額の全体に占める森林産物の割合は、一九世紀後半に比べると下がったとはいえ、二割におよんでいる（増田　一九九五）。野生ゴムのほかにもツバメの巣、蜂蜜、籐、ダマール樹脂、イリペナッツ(5)などさまざまな物品が森から採集され、輸出されていた。

こうした森林産物の採集・交易は、サラワクの人びとの移動や分布にも大きな影響を及ぼした。たとえば、イバン人は当時、サラワク西部に居住していたが、今日のミリ省、ビントゥル省にはほとんどいなかった。ブルックがサラワク領を東へ広げ、そこに野生ゴムが豊富であることがわかってくると、ブルック政府は森林産物の採集者としてイバン人を入植させた（Pringle 1970）。新たな土地の開墾や森林産物の採集による儲けを望んでいたイバン人もサラワク東部へさかんに移住した。その結果、今日のイバン人の居住範囲は、サラワクにあるおもな河川の中・下流域に広がり、彼らはサラワク最大のエスニック・グループとなった。

写真１　籐の採集

森林産物の採集・交易は、華人の分布や生業のあり方に少なからず影響している。多くの華人が中国からサラワクへ移住してきたのは一九世紀中ごろであった。当初、彼らは農業開拓をもくろんでいた。しかし、森林産物交易がさかんになってくると、ブルックがサラワク各地を統治するために築いた要塞を交易拠点として、トレーダーとして活躍しはじめた（Chew 1990）。その後、それらの交易拠点は、町や地方都市へと発展していった。今日でも、そこでは華人の勢いが人数のうえでも、経済のうえでも優勢である。

一九世紀後半から始まった野生ゴムの採集がブームになると、過剰利用による野生ゴムの樹木の劣化や枯渇が指摘されるようになってきた。ブルック政府の官報『サラワクガゼット』には、「一八五四年から一八七五年の間にペルカゴムの木が推定で三〇〇万本伐採された」、「一九〇〇年のペルカゴムの最高値の時には、年推定一〇〇万本から最大で二六〇〇万本が伐採された」、「ジュルトンの木もひどい状況である」などの報告がみられた（Potter 2005）。二〇世紀以前に、すでに「環境問題」が憂慮されていたのである。これらの報告からわかることは、当時は、資源の状況を、面積など面的な広がりで表現するのではなく、特定の樹木の本数によって表していたことである。これは、広い森のなかに散在する特定の生物だけが資源化としてみられており、その劣化や枯渇が問題化したためであろう。

後述するように、一九〇〇年代前半に導入されたパラゴムの植栽がすすみ、そこからゴムが採取されるようになると、森のなかの野生ゴムからは採集されなくなった。いくつかのムラでの聞き取りによると、(6) ジュルトン採集は一九五〇年ごろまでは細々とおこなわれていたが、それ以降は徐々に途絶えていった。ジュルトンの木は木材としても有用であるため、その後、企業による木材伐採がさかんになると切られてしまい、今日、森にジュルトンの木はほとんど残っていないという。同様に、籐、ダマールやイリペナッツは、地元の人びとが細々と利用しつづけているが、輸出はほとんどされなくなった。

二〇世紀初頭の野生ゴムを中心にした森林産物採集は、それ以前よりも大きい国際的な需要を背景にして、すでに「環境問題」を引き起こしていたのかもしれない。しかし、海外の需要を受けて、森の生態に詳しい森にすむ人びとが、特定の森林産物だけを森から抜きとるというやり方は、基本的にはボルネオ元来の森林利用であるといえよう。

# 五　森にすむ人びとの焼畑やゴム園での栽培

焼畑は、熱帯林の劣化・減少の要因のひとつとして、これまでしばしば取りあげられてきた。森にすむ人びとは、ムラより遠く離れた森から森林産物採集によって現金を得ていた一方で、ムラの領域内では自給用の陸稲を焼畑で作ってきた。稲作は、焼畑以外に、湿地でもおこなわれることが多いが、この場合でも、日本のように定着的な水田を作るのではなく、数年ごとに栽培地を移していた(Ichikawa 2003)。したがって、焼畑でも湿地でも稲栽培がおこなわれなくなると、そこは木々が成長しふたたび森に戻る。

写真2　休閑二次林を基調としたモザイク景観

先に述べたイバン人のように、原生林が豊富な地に入植した人びとは、懸命にそこをひらいて焼畑栽培や湿地稲作をおこなった。自給用の米を得るためでもあるが、じつは土地の所有権を得るためでもあった。彼らの慣習によれば、原生林を拓いた者がその土地の所有権を得て、その権利を子に引き継ぐことができる。イバン人は、サラワクの森にすむ人びとのなかでも、居住地をしばしば移動し、原生林を開墾する機会が多かった。原生林の木材の価値が認められるようになってくると、彼らは原生林を蚕食する者たちというレッテルが貼られたこともある。しかし、その後の研究によって、長期間、定着的に居住している地域では、かつての焼畑が森に回復したところをふたたび焼畑にひらくという、持続性のある農業をしていることが明らかにされた（Padoch 1982）。

ブルック政府やその後のイギリス植民地政府（一九四一～六三年）[7]は、森林資源を確保するために、先住民の移動と彼らが所有できる領地の拡大を制限してきた。その経過は、政府が発行してきた数々の法令や規則にみることができる（Hong 1987）。すなわち、未利用・未占有の土地は政府の所有であるとした「一九六三年土地規則」、休閑地を放棄された土地と認め、他人による占有を許すとした「一八七五年土地命令」、土地への慣習権の設定やその放棄、また森にすむ人びとの移住を制限した「一八九九年果樹命令」、先住慣習地、混合地、内陸地などサラワク州全体の土地区分をおこない、森にすむ人びとの土地を囲いこみ、彼らの森林利用を制限しようとした「一九四八年土地区分令」などである。

今日の土地法は、イギリス植民地政府によって一九五八年に、先に述べたようなそれまでの土地についての法令や規則を統合して制定された。そこでは、森にすむ人びとの慣習にもとづく土地所有を条件付きで認めている。条件とは、一九五八年一月以前に、原生林の開墾により慣習的な所有権が発生した土地についてのみ、その権利を認めるというものである。それ以降の原生林の開墾は認めておらず、たとえ、ひらいたとしても土地の所有権を認めない。この土地法が制定されたことによって、その後、森にすむ人びとと開発をすすめる企業・政府との間にしばしば問題が生じた。後に述べる商業伐採やプランテーション開発がすすめられる森林での森にすむ人びとの所有権の有無が争点である。サラワクの森林政策については、第4章を参考にしていただきたい。

写真3　ゴム採集

　森にすむ人びとのムラにみられる、もうひとつの特徴的な土地利用はゴム栽培である。サラワクでは、森に自生する野生ゴムではなく、ブラジル原産のパラゴムの木が導入され、一九一〇年代から、とくに河川の中・下流の市場への交通の便がよいムラで植栽されるようになった。ゴムの需要は、当時、アメリカやイギリスでさかんになっていた自動車のタイヤ生産のために高まった。ムラで作られるゴム園は、焼畑（一ヘクタール余り）をひらいた後に苗木が植えられる。したがって、ゴム園は休閑二次林のなかにポツポツと点在している。

　ブルック政府は、森にすむ人びとの伝統的な暮らしを守るという理由から、企業による大規模なプランテーション開発を認めなかった（Pringle 1970）。したがって、サラワクにおけるゴム生産の主たる担い手は森にすむ人びとである。サラワクにおいて、マレー半島やサバ州とは異なり、プランテーション開発が遅れた理由の一つは、そうした植民地期の政策の違いにあると考えられる。

第二次世界大戦によって中断していた植栽ゴムの生産は、朝鮮戦争時をピークに一九五〇年代から六〇年代にかけてふたたびさかんになったが、その後は、一九九〇年代前半にいたるまで、生産量は下降傾向にあった。しかし、近年のゴム価格の高騰を受けて、ふたたび生産を始めたり、パラゴムを植栽する人びとが増えつつある。

今日の森に住む人びとのムラの土地には、将来の建築材を採るための未伐採林がパッチ状に残っている。農地としては、焼畑や小ゴム園のほかにも、果樹園、コショウ園、そして最近ではオイルパーム園などがみられる。それら一つ一つの農地の大きさは、〇・五~二ヘクタールほどである。それらが、さまざまな林齢の休閑二次林の中に点在し、全体としてモザイク状の森林景観を呈している(Ichikawa 2004)。こういった森にすむ人びとによる土地利用は、政府の統計から、州の三割程度を占めると推定される。交通の便のよい河川の中・下流域に原生林がほとんど残っていないことや、政府の規制により新たな原生林が開墾できないことから、近年、森にすむ人びとは原生林の伐採をほとんどおこなっていない。モザイク状の森林景観の中で、休閑二次林をうまく使いながら土地を利用している。

## 六　商業木材伐採——一九六〇年代から今日まで

サラワクの商業木材伐採については、一九八〇年代に熱帯雨林を破壊する行為として日本でも反対運動がさかんになったので、ご存知の方も多いかもしれない。

サラワクでは、ブルック到来以前から鉄木《てつぼく》が海外との交易のために伐採されていた（Low 1848）。一九世紀後半においても鉄木は伐採されており、鉄道の枕木材として、インドに向けて輸出された（Smythies 1963）。商業伐採がさかんになってくるのは、一九六〇年代以降、とくに一九七〇年代後半から九〇年代前半までの期間である。サラワクにおいては、政府が、州有地の一定の範囲の伐採権を伐採や搬出を請け負う企業に有料で一定期間わたすかたちでおこなわれた。ほとんどの企業は、華人により運営されている。伐採された大部分の木材は、日本へ輸出された。材は、加工され建設資材としての合板になる。日本の高度成長期の建設ラッシュを支えたのがこの南洋材であった。

当初は、河川をおもな輸送手段としていたため、河川近くの森が伐採対象となった。しかし、一九六〇年代後半以降、次第にブルドーザなどの重機が利用されはじめ、林道の建設が容易になると、伐採対象地は山地や丘陵部も含む広大な熱帯雨林に一気に広がった。同時期に、チェンソーが普及し伐採の速度も増した。

丘陵の熱帯雨林には、材質や形状が似ているフタバガキ科

写真４　伐採風景（撮影：山田勇）

写真５　搬出風景

に属する樹木が多く生育する。伐採はいくつかのフタバガキ科樹種のうち、太った木が抜き伐りされる択伐方式でおこなわれた。しばらくして、択伐林で伐り残された木々が太ってくると、ふたたび伐採にはいった。伐採対象となる木の本数は、場所によって大きく異なるが、伐採対象木の伐採以外に、木の伐倒時あるいは搬出時に伐採木の周りの立木に大きなダメージを与える。一時的に伐採対象地区の四割が裸地化するという報告もある（Lanley 1982）。森林は森にすむ人びとの狩猟や森林産物採集の場であるため、彼らの暮らしへの影響は大きい（Hong 1987）。

一九八〇年代後半、伐採量が急増するなか、サラワクの商業伐採は、熱帯雨林の生態系と先住民の暮らしを破壊するとして、おもに西欧のＮＧＯ団体の批判対象となり、熱帯材の不買運動などが展開された。熱帯材の主要輸入国であった日本でも反対運動がおきた。サラワクの森にすむ人びとが来日し、彼らの窮状を訴えたのもこのころである。このような国際社会の状況のなか、一九九三年、サラワク州政府は国際熱帯木材機関（ＩＴＴＯ）の勧告を受け入れ、伐採量を削減した。しかし、今日でも優良材が残る上流域では伐採は続いている。

採集される森林資源が野生ゴムや籐のように限られていた二〇世紀前半に比べると、商業伐採はより大きな影響を熱帯雨林に与えたといえる。資源の対象となるフタバガキ科の樹種数も増え、取り出される資源の量と、対象となる森林面積が重機やチェンソーの使用により格段に増えたからである。資源採集の担い手は、以前のように森にすむ人びとではなく、大きな資本をもつ華人企業になった。

## 七　単一作物プランテーションの拡大――一九八〇年代以降

サラワクに限らず、近年、東南アジア島嶼部の熱帯雨林に大きな影響を与えているのは、オイルパームなどの単一作物による大規模なプランテーションの開発である。プランテーション開発については、第5章に詳しいので、ここではこれまでの開発の経緯について簡潔にまとめるにとどめる。

先述のように、サラワクでは、パラゴムの生産は小農レベルでおこなわれており、プランテーション開発はさほどなされなかった。サラワクで最初にオイルパーム・プランテーションがひらかれたのは、一九六〇年代半ばである。イギリスの植民地統治から抜け、マレーシアへの編入を契機に、サラワクでは海岸沿いの町を結ぶ幹線道路が建設された。その道路沿いにプランテーションはひらかれた。オイルパームは、果実の採取後、一日以内に精油のプロセスにかけなければ油が劣化してしまう。このため、プランテーションの近くに精油工場と、そこにアクセスするための道路が必要である。その後、サラワクでは、とくに一九八〇年代以降、オイルパーム・プランテーションの面積は急な右肩上がりで増えつづけている。ほとんどは民間企業によって開発され、経営されている。マレーシア半島部およびサバ州でもオイルパーム・プランテーションは広く、現在、マレーシアは世界一のパーム油の生産国となっている。

サラワクにおいてオイルパーム・プランテーションは、商業伐採の跡地を追うようにひらかれてきた。択伐方式の商業伐採が何回かはいり、木材の価値が低くなった森を皆伐して、オイルパーム・プランテーションを造成していったのである。商業伐採がおこなわれていた土地には、森林局によって永久森林保全区（Permanent Forest Reserve）に指定されていた地区が多く含まれている。ここは、元来、択伐方式の伐採により、永久に森林のままで使われるはずの土地であった。そのような森林が政府によって指定を解除され、プランテーションへと変貌している。

海岸沿いの低地から丘陵にかけて、オイルパーム・プランテーションが拡大しきた一方、中・上流域の山地で進んでいるのが、早生樹アカシア・マンギウムによるプランテーション開発である。この開発は、パルプ材の生産を目的として、近年始まったばかりである。当初、一五年から二〇年の間に一〇〇万ヘクタールの開発を目標としていたが（Chan 1998）、実際にはさらに速いペースで進んでいるようである。

今日のプランテーション開発の進み方は、将来的にはサラワクのほとんどがプランテーションにより占められてしまうことになりかねない勢いである。森が残るのは、最奥地の山地林、森にすむ人びとが権利を有する土地、島状に散在するわずかな保護地区ぐらいになってしまうかもしれない。

## 八　生物多様性をないがしろにした森林利用へ

近年、進んでいるプランテーション開発は、商業伐採までの森林利用とは明らかに性格を異にする。商業伐採では、熱帯雨林の主要構成種フタバガキ科の樹種を対象とし、重機やチェンソーが用いられた。それは広範囲から少量ずつ多種の森林産物を対象にした以前の利用と比べて大規模な資源の収奪であり、森の生態系やその周辺にすむ人びとの暮らしに与えた影響は大きかった。しかし、それでも、択伐によって多種多様な生物のうち有用な生物だけを抜きとるという点で、かつてよりみられた熱帯雨林の利用のしかたであるといえる。一方、プランテーション開発は、皆伐によって熱帯雨林の最大の特徴である生物多様性を無に帰し、一種類の外来作物だけを大面積で栽培するやり方である。

森に暮らす人びとのムラにおいて従来よりみられた焼畑などの土地利用も、プランテーションと同様に、特定の資源の抜きとるのはなく、面的に森林を改変するものだった。しかし、その改変のスピードと森林の中身はプランテーション開発とは大きく異なる。森にすむ人びとは、焼畑を作るために各世帯が森を一ヘクタール程度ずつムラのあちらこちらにひらくため、年に合計数十ヘクタール程度の森がひらかれることになる。ムラの土地利用は、さまざまな林齢の二次林をベースにして、未伐採の保存林や農地がモザイク状に分布する森林景観を呈する。こうした二次林主体の森林が生物の避難場所になるため、熱帯雨林の減少にともなう生物多様性の減少は、当初の予測よりは軽減されるという主張がある（Wright *et al.* 2006）。

これまでの森林利用の変遷を概観してくると、サラワクの森林は、海外の市場に大きく影響されて、採集される森林資源が入れ代わりながら利用されてきた。その過程で森林利用は、これまで述べてきたように、多様な資源を少しずつ森から抜きとるやり方から、次第に熱帯雨林の生物多様性をないがしろにしての利用に変化してきた。近ごろでは、世界的にバイオ燃料の利用が注目されている。そういったブームは、東南アジア島嶼部の熱帯雨林にふたたび大きな影響を及ぼすのだろうか。懸念されるところである。

注

（1）この節は、とくに引用がない限り、池端、深見（一九九九）、藤本ら（一九八二）、タグリアコン（Tagliacozzo 2005）を参考にしつつ記述した。

（2）ソエハルトノ（Soehartono 1997）、ラフランキ（LaFrankie 1994）、モンバーグら（Momberg *et al.* 1997）をエグエンター（Eghenter 2005）から引用。

（3）森にすむ人びとの多くは、長屋状のロングハウスに集住し、共同体を形成する。この共同体とその領域がここでいうムラである。なかには定住せず、ある領域の中で狩猟採集により生計を立てている人びともいる。

（4）ブルックによるサラワク領の拡大と統治についてはプリングル（Pringle 1970）に詳しい。

（5）ダマール樹脂は、フタバガキ科のいくつかの樹種からとれる樹脂で、塗料やインクなどの原料として利用される。地元でも灯火や船の水漏れ防止材などに使われる。イリペナッツは、フタバガキ科ショレア属の一〇種ほどの樹木の果実である。そこからとれる油脂は菓子などの原料となる。

（6）サラワク東部のバラム川下流域におけるいくつかのイバン人のムラで、筆者によりおこなわれた聞き取りである。

（7）　第二次大戦後の一九四六年に、三代目のヴィナー・ブルックはサラワクの王位を辞退したため、サラワクはイギリス直轄領となった。


**参考文献**

藤本勝次　一九八二「総論　インド洋とシナ海を結んだシルクロード」、藤本勝次ほか編『海のシルクロード』五―二七頁、大阪：大阪書籍。

池端雪浦、深見純生　一九九九「東南アジア島嶼部世界」、池端雪浦編『東南アジア史Ⅱ　島嶼部』三―一七頁、東京：山川出版社。

増田美砂　一九九五「植民地支配と森林」、北川泉編『森林・林業と中山間地域問題』一三―三一頁、東京：日本林業調査会。

Chan, B. 1998. Concerns of the Industry on Tree Plantations in Sarawak. In B. Chan, P. C. S. Kho, and H. S. Lee (eds.) *Proceedings of Planted Forests in Sarawak*, pp. vi-xii. An international conference, 16-17 February 1998, Kuching, Sarawak.

Chew, D. 1990. *Chinese Pioneers on the Sarawak Frontier, 1841-1941*. New York : Oxford University Press

Eghenter, C. 2005. Histories of Conservation or Exploitation ? Case Studies from the Interior of Indonesian Borneo. In Wadley R. L. (ed.) *Histories of the Borneo Environment*, pp. 25-59. Leiden : KITLV.

Hong, E. 1987. *Native of Sarawak*. Pulau Pinang : Institut Masyrakat.

Ichikawa, M. 2003. Shifting Swamp Rice Cultivation with Broadcasting Seeding in Insular Southeast Asia. *Southeast Asian Studies* 41(2) : 239-261.

———. 2004. Relationships among Secondary Forests and Resource Use and Agriculture, as Practiced by the Iban of Sarawak, East Malaysia. *Tropics* 13(4): 269-286.

Lanley, JP. 1982. *Tropical Forest Resources.* Rome: FAO.

Low, Hugh. 1848. *Sarawak: Its Inhabitants and Productions.* London: Richard Bentley.

Padoch, C. 1982. *Migration and its Alternatives among the Iban of Sarawak.* Leiden: KITLV.

Potter, L. 2005. Comodity and Environment in Colonial Borneo. In R. L. Wadley (ed.) *Histories of the Borneo Environment*, pp. 109-133. Leiden: KITLV.

Pringle, R. 1970. *Rajahs and Rebels: The Iban of Sarawak Under Brooke Rule, 1841-1941.* Ithaca: Cornell University Press.

Reid, A. 1988. *Southeast Asia in the Age of Commerce 1450-1680*, volume 1. London: Yale University Press.

Smythies, B. E. 1963. History of Forestry in Sarawak. *The Malayan Forester* 26: 232-253.

Tagliacozzo, E. 2005. Onto the Coasts and Into the Forests; Ramifications of the China Trade on the Ecological History of Northwest Borneo, 900-1900 CE. In Wadley R. L. (ed.) *Histories of the Borneo environment*, pp. 25-59. Leiden: KITLV.

Wright, S. J. and H. C. Muller-Landau. 2006. The Future of Tropical Forest Species. *Biotropica* 38 (3): 287-301.

# 第2章　森林産物利用の社会経済史

かつて東南アジアの森ずみの人びとは、森林産物の交易を通じて外部世界と結びついていた。大陸山地のカム、マレー半島のオラン・アスリ、ボルネオ島のプナンなど森ずみの人びとは、深い森の中に散在する森林産物を集め生活を営んできた。森林産物は、仲買人の手を経て川の流れに沿うように港市に集められ、海の向こうの外部世界へと送られてきたのである。そうした森林産物は、ラック、安息香、樟脳、ダマールなど、軽くて保存のきくものが多かった。熱帯林の多様性を反映するように、さまざまな森の産物が採集利用されてきたのである。

こうした森林産物利用は、二〇世紀後半に大きく変容する。インドネシアを例にとると、一九三八年には非木材林産物の貿易額は一三〇〇万オランダギルダーであったのに対して、木材のそれは一六〇〇万ギルダーと四五対五五であった。ところが、一九八〇年代には五対九五と森林産物利用は木材へと特化していった。現在では、木材伐採の後を追いかけるようにしてオイルパームやアカシア・マンギウムの「プランテーション」が拡大している。多様な森林産物利用から、木材生産へ特化、そして「プランテーション」への土地利用転換と森林利用はすすみ、その過程で熱帯林の多くは失われてしまったのである。

第2章では、こうした森林産物利用の変遷を商品化や定住化などの社会・経済的な背景に注目して素描している。まず竹田がチークとラックを例にして、森の商品化がいつからどのようにして始まったのかその履歴をたどり、大陸部メコン川跨境流域の森林産物利用をふり返る。つぎに加藤は、かつては遊動していたサラワクのシハン人が定住化の過程で、どのように森林産物を利用して生計をたててきたのかについて報告する。森林伐採が進むとともに、政府による定住化政策が強化され、森林産物が商品化した。そのなかで長年営まれてきた狩猟採集中心の暮らしはどのように変化したのだろうか。森林産物の利用を切り口に、両地域に暮らす人びとと社会経済との関係をみていこう。

# メコン跨境流域の森林産物
## ——ラーオの森のラックとチーク

竹田晋也

### 一　東インドとボルネオ——二つの会社

二〇世紀に東南アジアの森で何が起こったか。一言でいうならそれは「森の商品化」である。日々の生活の森が、市場という際限を知らない欲望に飲み込まれていったのだ。

もちろん東南アジアの森は、古くから沈香《じんこう》など「商品」としての森林産物を供給してきたわけだが、それは森そのものを改変してしまうほどの量ではなかった。量が質に転化する。それが起こったのが二〇世紀であった。

森の商品化、とりわけ植民地期からの西側諸国による森の過度な商品化は、いつからどのようにしてはじまったのだろうか。あるいは地域により、進み具合の濃淡はどのように異なっていたのか。何が律速条件として機能していたのか。記録の断片を拾ってみよう。

東南アジアで東西海洋交易が活発化した一五世紀から一七世紀にかけて、内陸部にあるラオスのラーンサーン王国も、海洋交易のネットワークに組みこまれていた（Masuhara 2003：54）。たとえば一六四一年にヴィエンチャンを訪れたオランダ東インド会社の記録には、『一一三キログラムの金、一万八五〇〇キログラムの安息香、九二五〇キログラムのスティック・ラックなどを仕入れる契約を取り付けた」とある（Lejosne 1993；飯島 一九九六：二〇；Stuart-Fox 1998：181）。ラーンサーン王国からの輸出品でとりわけ重要だったのは、金とラックと安息香であった。それら森の産物は、人馬の背に乗せられて峠を越え、河を船でくだり、アユタヤをはじめとする港市へ運ばれ、そこからさらにインド洋の向こうのコロマンデル海岸、そしてヨーロッパへと輸出されていたのである。産品の特徴は、長旅に耐えるように保存がきき、運びやすくて値段の高いことであった。

一八五五年、バウリング条約によってシャムが開国するまで、後背地上流域の森林から港市に集まる森林産物は、同国の王室独占貿易の中で重要な産品となっていた。表1に示すようにチーク、蘇芳、カルダモン、ラック、象牙、藤黄、獣皮、安息香、紫檀、沈香などである。

これらの森林産物を供給してきた上流域の森は、バウリング条約以降、バンコクを窓口としてより強く世界経済に包含されてゆく。その最大の商品は、チークであった。

一九世紀の中頃にタイ北部でチーク商業伐採を開始した最初の西側企業は、「ボルネオ」という地名を冠する東南アジアで最大の木材会社のひとつであった（Brown 1988：110）。ボルネオ会社が大陸部の山奥で伐採事業を始めたのは、当然のことである。当時、チークがもっとも価値ある用材であった。それは造船材や高級家具材として、また植民地経営に欠かすことのできない鉄道建設のための枕木として、需要が高かったからである。タイ北部山地は瞬く間に各社の伐採権区へと塗り分けられていった。

東インド会社とボルネオ会社は、時代を隔てて異なる商品を扱った。一方は、高価でかさばらずそして保存のきく非木材森林産物（ラック）、もう一方は重くてかさばる木材（チーク）である。二〇世紀にはいってラックとチークはどうなったのであろうか。本稿ではメコン川やチャオプラ

表1　観察記録に残るシャムの主要な輸出品

| 品　目 | White (1679) | Crawfurd (1821) | Pallegoix (1850) | Malloch (1850) | Bowring (1855) |
|---|---|---|---|---|---|
| 米 | ○ | ○ | ○ | ○ | ○ |
| チーク | ○ | | ○ | | ○ |
| 砂　糖 | ○ | ○ | ○ | ○ | ○ |
| ココナッツ油 | ○ | ○ | ○ | ○ | |
| 蘇　芳 | ○ | ○ | ○ | ○ | |
| 塩 | ○ | ○ | ○ | ○ | ○ |
| コショウ | | ○ | ○ | ○ | ○ |
| カルダモン | | ○ | ○ | ○ | ○ |
| ラック | | ○ | ○ | ○ | ○ |
| 鉄 | ○ | ○ | ○ | ○ | |
| 象　牙 | ○ | ○ | ○ | ○ | ○ |
| 藤　黄 | | ○ | ○ | ○ | ○ |
| 獣皮・角 | ○ | ○ | ○ | ○ | ○ |
| 安息香 | | | ○ | ○ | ○ |
| 塩乾魚 | | ○ | ○ | ○ | ○ |
| シタン | | ○ | ○ | ○ | ○ |
| 沈　香 | ○ | ○ | ○ | ○ | ○ |
| 檳榔子 | ○ | ○ | ○ | | ○ |
| 錫 | ○ | ○ | ○ | ○ | |
| 綿 | | ○ | ○ | ○ | ○ |
| タバコ | | | ○ | ○ | ○ |

（Ingram 1971：25）

ヤー川を流れ下っていったこの二つの商品に焦点を当てて、森林産物利用の履歴を辿ってみる。ふたつの商品の主要産地であったラオス北部と北タイ・メコン川流域の森林を「ラーオの森」とひとつにくくり、そこでの森林産物利用の来歴をふり返ってみたい(1)。

## 二　ラック——軽くて保存のきく非木材森林産物

ラックとは、ラックカイガラムシ（*Laccifer lacca*：以下ラック虫とする）の分泌物である。ラック虫は幼虫の時に宿主木の枝上を這い広がり、樹皮に口を刺して定着する。そして樹液を吸いながら、表皮全面に分布する分泌腺からラックを分泌する。ラック虫は自ら分泌するラックの殻に覆われ、その殻はさらに大きくなって小枝を包んでゆく。かつては赤色染料として利用されたが、化学染料であるアニリンが開発された後は、樹脂原料、ワニスや光沢材として広く利用されるようになっている。ラックはシャムからの重要な輸出品で（表1）、その主産地は、現在のタイの北部・東北部そしてラオスにいたるラーオ地方であった。

一九三〇年ごろの各産地のラックについては、次のような記載がある（Thailand, The Ministry of Commerce and Communications 1930：236-237）。

●チェンマイ・ラック：シャム・ラックのなかの最上品で大変注意深く収穫され、ごみや木くずの混入がほとんどない。約九〇%がチェンマイ県内で採集されたもので、おもに *Butea monosperma* とアメリカネムノキから得られる。その他は、ビルマのチェントウンとチェンラーイ、メーホンソンの一部で作られたものである。

●チェンラーイ・ラック：チェンマイ・ラックにくらべ少しごみや木くずの混入がみられる。おもに「国外県」、すなわちチェントゥン、シップソンパンナー（西双版納）、ユンナン（雲南）、ルアンパバンから供給される。チェンラーイ県内産は約一〇％にすぎない。県内産ラックが *Butea monosperma* から得られるのに対して、「国外県」産ラックは、*Ficus* spp.、*Dalbergia* spp.、*Butea monosperma*、キマメから得られたものである。チェンラーイ・ラックは、直接かあるいはラムパーン、プレー、ウタラディットを介してバンコクに送られる。

●ラムパーン・ラック：県内産ラックは、半分に満たない。それは *Albizzia lucida* から得られる。ラムパーン・ラックの多くは、チェンラーイ産ラックである。その他、ランプーン、チェンマイ、チェンラーイの一部の地域産ラックもごくわずかだが供給される。ラムパーン・ラックは、バンコクに直送される。

●プレー・ラック：チェンマイ・ラックと同品質である。ごみや木くずの混入はわずかで、市場価格は高い。県内産が七五％で、のこりはナーンやチェンラーイ産である。他の県と比較すると同県の生産量は非常に少なく、全国生産量の約五％を産するにすぎない。

●ウタラディット・ラック：この県でのラック作りはまだ試験的な段階にすぎない。同県は、ナーン産ラック（宿主木は *Albizzia lucida*）やルアンパバン、パークライ産ラック（おもな宿主木はキマメ）の中継市場である。

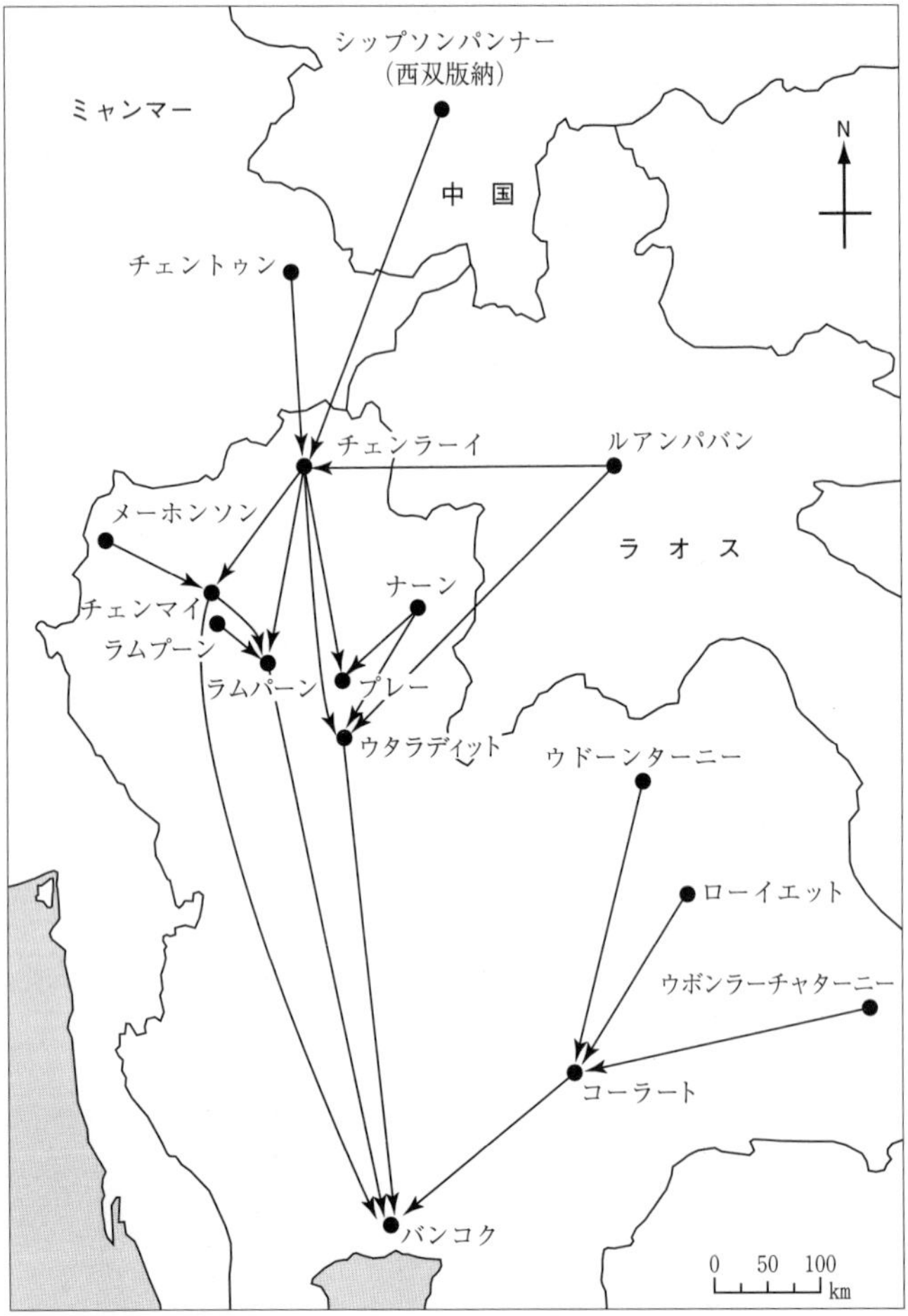


図１　1930年当時のラック交易流通経路（竹田 1990：202）

●コーラート・ラック：ごみや木くずの混入が多く、品質はもっとも劣る。コーラート、ウボンラーチャターニー、ローイエットを結ぶ地域産、ウドーンターニー地域産のラックで、そして少し以前は「仏領インドシナ」産も含んでいた。コーラート・ラックは、おもに *Combretum quadrangulare* から得られ、それ以外にも *Dalbergia* spp.、*Ficus* spp.、インドナツメ、キマメも少し利用される。

以上の記載より一九三〇年当時のラック集荷のネットワークをまとめると図1のようになる。この図からもラーオ地方から広くラックが集荷されていたことがわかる。

このような広範囲から水運だけではなく、陸路でも運ばれてきたのは、ラックの重量単価が高くて保存がきくからである。二〇世紀初頭のバンコクと各地間の輸送費用とおもな産品の最高価格を比較した柿崎は、つぎのように指摘している。「鉄道開通前にメコン川中流域からバンコク方面へ送られていた産物は、牛・水牛と、ラック、カルダモン、安息香、獣皮・獣角などの林産物が主流であったが、自分で歩かせるために輸送費がほとんどかからない牛や水牛か、軽量で高価な林産物以外には、輸送費の関係から運ぶことができなかったのである」(柿崎 二〇〇〇：五二―五三)。「メコン中流域からバンコク方面へは陸上輸送しか利用できないため、チーク材のような重量品の輸送は不可能であり、輸送可能なものは高価で軽量品である林産品か、自ら移動することができる牛・水牛などの家畜に限定されていた。林産品の中では、カルダモンが最も重要な輸出品であった」(同：七二)。

メコン川左岸域が仏領となったあとも、ラーオの森はバンコクの後背地としての役割を果たしてゆく。それは「タイ側の交通路の整備によるところが多かったものの、裏を返せばフランスがそのようなタイの優位性を覆すような努力を怠ったことも重要な要因であった。〔……〕メコン川流域での交通路の整備と、通商上の後背地の獲得は、完全にタイの勝利であった」（同：三〇五）からである。すなわち仏領ラオスの成立以降もラーオの森のラックは、バンコクを通じて市場と結びついていたのである。

一九三〇年ごろに、北タイで植栽されていた宿主木はアメリカネムノキとキマメであった。いずれも外来種である。キマメを用いた二つの方式が記載されていて、それはビルマ方式とルアンパバン方式とよばれていた（Thailand, The Ministry of Commerce and Communications 1930：234）。

●ビルマ方式：パーヤップ地方で普及している。キマメは三～四年間植えつけられる。四メートル間隔で植栽され、植栽後二～三年で接種できる。手入れが良ければ、一ライあたり約二ピクル（約一二〇キログラム）の収穫がある。

●ルアンパバン方式：チェンラーイ、プレー、ウタラディットでは、この方式が普及している。二メートル間隔でキマメを植え、六～一〇カ月以内にラック虫が接種される。ラックが二回収穫された後、刈り払われ、また新しいキマメが植えられる。

焼畑でキマメを宿主木とするラック栽培は、現在北ラオスのルアンパバン県を中心として再興しつつある（竹田 二〇〇七）。

## 三　メコン川流域のチーク——重くてかさばる木材

この節ではラオハチャイブーンと竹田（Laohachaiboon and Takeda 2007）に依拠しながら、二〇世紀初頭のイン川流域でのチーク伐採についてみてみたい[2]。それは、東南アジアにおける商業伐採の初期の姿、自然に大きく依存していたころの森林伐採事業の姿を明らかにしてくれる。

チェンマイに「ボルネオ会社」の営業所がおかれてから、北タイの森林は小流域ごとに各木材会社に切り売りされていった。

チーク伐採にはチャオプラヤー川流域がもっとも重要であり、ピン川、ワン川、ヨム川、ナーン川といった支流域からチークが流送された。一八九六年から一九二五年の間に伐採されたチークのうち、八一％がチャオプラヤー川に、一六％がサルウィン川に、そして三％がメコン川に流送されている（Suehiro 1996: 30）。集積地は、バンコク（チャオプラヤー川）、モールメン（サルウィン川）、サイゴン（メコン川）である。シャムでのチーク伐採は六つの外資伐採会社が担っていた。その内訳は、イギリス系四社（ボルネオ会社、ボンベイビルマ会社、シャム森林会社、ルイスレオノーレンス会社）、デンマーク系一社（東アジア会社）、フランス系一社（フランス東アジア会社）である。

これらのなかでイギリス系の会社がもっとも勢力を誇っていた。ボルネオ会社は先駆者であり、かつ最大のチーク伐採会社であった。一八八八年に事業を開始したとき以来、シャム王室と親しい関係を結び、それが成功につながっていた（Falcus 1989: 138）。しかし遅れて一八九〇年に事業を開始し

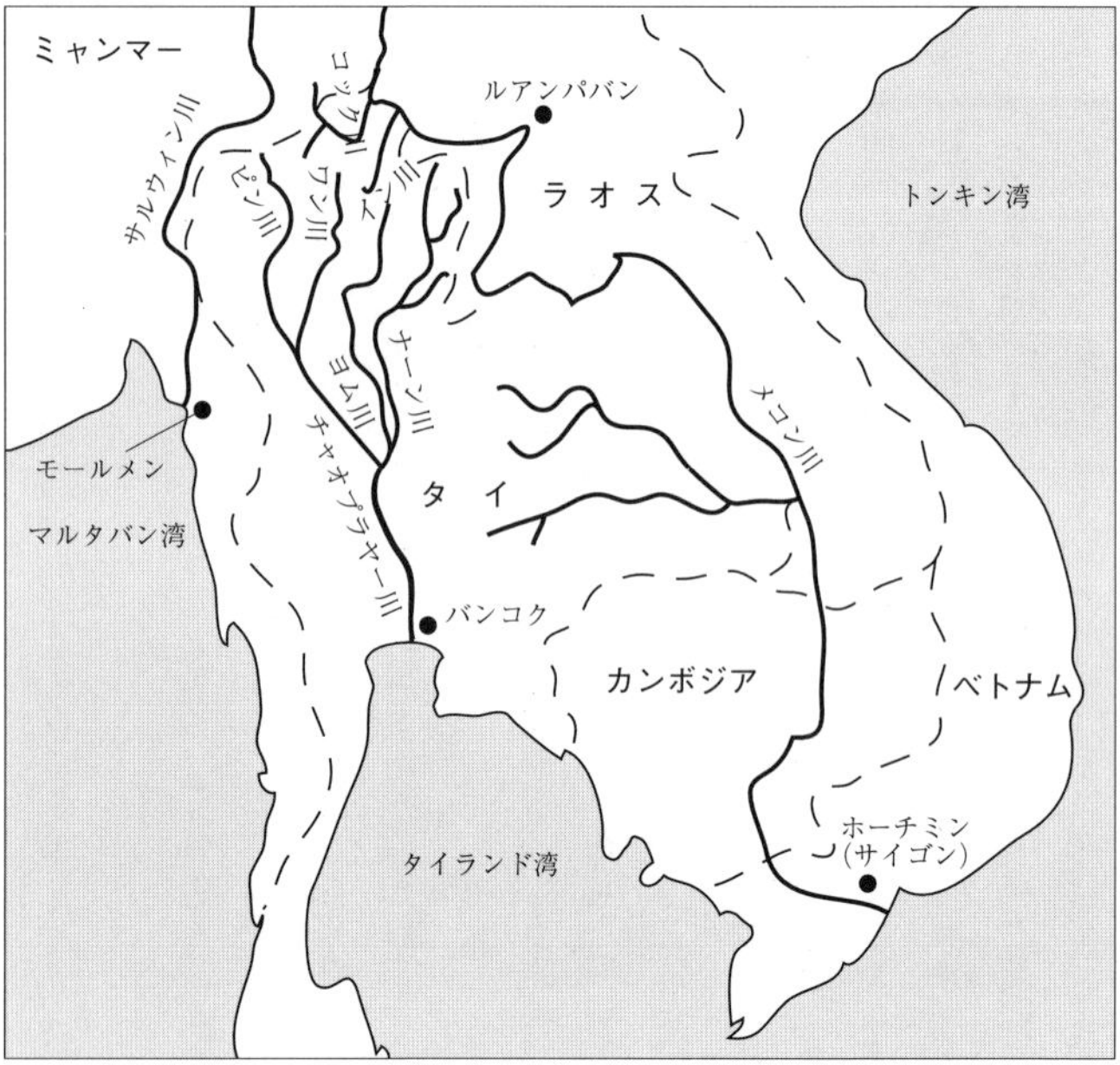


図２　チャオプラヤー川・サルウィン川・メコン川の各流域
(Laohachaiboon and Takeda 2007：124)

たボンベイビルマ会社は、一九〇〇年代にはチャオプラヤー川流域の伐採権区の半分を占めるほどに成長した（Macaulay 1934：75)。一八九六年から一九三〇年までのすべてのチーク伐採権区のなかで、ヨーロッパ系の会社が八〇％を占めたのに対して、地元の会社は一四％、王室林野局は一％を占めたにすぎない（Brown 1988：119)。

王室林野局の初代局長となったスレイド（H. S. Slade 在任期間は一八九六―一九〇一年）は、計画的な伐採の実施、一部の伐採会社に偏った伐採権割当の見なおし、地元住民へのチーク以外の樹種取引の推奨などを提案した。一八九七年と九九年には、伐採対象立木の周囲長の下限と伐採権料が定められた。また伐採対象地を二つに分け、一方を六年間伐採することで一二年で一巡する伐採周期で作業をおこなった。一九〇九年にはブランディス択伐法が導入された。これは伐採対象地を二分して、一方を一五年間伐採し、三〇年の伐採周期とするものである。

このように王室林野局は、伐採権方式により森林行政を整え、チャオプラヤー川流域のチーク林は各伐採会社に割り当てられていったのである。

## メコン川流域のチーク林

パクナーム事件の後に結ばれたフランス・シャム条約（一八九三年）によりメコン川左岸は仏領となった。さらに一八九六年の英仏協定によりイギリスとフランスは、チャオプラヤー川流域を緩衝地帯として認めあった。ここでは、ともにメコン川右岸の支流であるコック川とイン川でのチーク伐採の経過をみてみよう。

### ●コック川流域

一九〇九年にコック川流域のファーン林の伐採権をボルネオ会社が獲得した。コック川はメコン川の支流であるので、そこで伐採されたチークはメコン川を流送されることになる。しかし当時のシャム政府は、分水嶺であるピーパンナム山脈を越えてチャオプラヤー支流であるピン川へ搬出することを条件とした。

ファーン林は英領ビルマのシャン州南部に隣接していることもあり、シャム政府はピン川へ搬出するだけの十分な資本をもつイギリス系の木材会社に伐採権を与えたいと考えていた。事前調査をおこなったボルネオ会社により、北ルートと南ルートの二つの搬出路のうち、南ルートがより適切であると判明した。川の流れに逆らうルートであったが、ボルネオ会社は一九一二年から一九三〇年まで、チャオプラヤー川支流のパン川とポイ川を使って伐採木を搬出した。登路では象が牽引するトロッコにチークを載せて運び上げ、下りはチークを木滑道を使って落とし、チャオプラヤー川流域へと運びこんだのである。

●イン川流域

イン川流域の伐採権は、一九〇九年にフランス東アジア会社に与えられた。シャム政府がそう判断したのは、フランス政府の圧力もあったのだが、結局は仏領のメコン川流域であるという立地が決め手となった。一八九九年にフランス商人レオン・グラビーがイン川流域のチーク伐採権を申請している。しかしシャム政府は、シャムの会社がまったく関与していないという理由でこの申請を許可しなかった。一九〇一年には仏語新聞社で働いていたワテーノがイン川とコック川流域のチーク伐採権を申請した。メコン川支流の両流域のチーク伐採は、メコン川を流送できる仏領側の会社だけが実行可能であると主張したのである。この主張は正しかったのだが、これに対してもシャム政府は政治的な問題があるとして許可しなかった。

これはイン川・コック川流域に限られた問題ではなかった。同じくメコン川流域にあるラムパーン県のパヤオ郡でも、シャム政府はチーク林の貸与をためらっていた。フランスの拡張を抑止したかったのである。シャム政府はイギリスかあるいは地元の土侯にチーク林を管理させたいと考えていたが、しかし最終的にはイン川流域の伐採権はフランスに許可されることとなる。

当初、ボンベイビルマ会社は、イン川流域の伐採権の取得に熱心であった。同流域でのフランスのチーク伐採計画を聞きつけたボンベイビルマ会社は、一九〇一年にシャム政府に伐採権を申請している。増大するフランスの影響力をイギリスの存在によって抑えたいと考えたシャム政府は、この申請にただちに同意した。当時森林局局長補佐であったトッテンハムは一九〇二年の報告書に、「この流域でのフランスの伐採活動を排除することは絶対に必要である」とまで書いている。[3] しかしながらイン川流域で伐採したチークはメコン川へ流送しなければならず、さらにその川沿いには地場市場がなかったため、ボンベイビルマ会社は伐採を実行には移さなかった。同社はイン川流域ではなく、ラムパーン県パヤオ郡のタムヤイ・タムノイ林で伐採をおこなった。そこからはヨム川を通じてチャオプラヤー川へ流送することができたのである。

イギリスへのイン川流域伐採権付与はうまくいかなかったが、その後、ナーンの土侯チャオ・スイリウォン・パリッタデートがイン川とナーン川流域での六年間の伐採権を申請した。[4] シャム政府は、彼がフランス側の代理人となってイン川流域のチークを伐採するのではないかとこの申請に疑問を抱いたのだが、結局は一九〇二年に六年間の伐採権を認めた。

四年後の一九〇六年にはシャム森林会社もイン川流域でのチーク伐採権を申請した。それは、同社がすでに伐採事業をおこなっていたラムパーン県ガーオ林に隣接したナーン地区であった。[5] 同社はすでに巻き枯らしされていたイン川流域のチークをチャオプラヤー川支流のヨム川へ流送しようと考えた。はじめにイン川流域のチーク伐採計画を表明したのは同社であり、かつチーク材をチャオプラヤー川水系へと運び入れるのは可能であると考えられていたので、当然伐採権は同社へ与えられるべきだとダムロン親王は考えていた。しかしながらフランスからの圧力が増大するなかで、政府はイン川流域の伐採権をどうするべきか、結論を出しあぐねていた。

この問題含みの伐採権の扱いに関してシャム政府が出した結論は、イン川流域の伐採権を北部と中央部と南部の三つの区域に分割することである。ヨム川への流送が可能な南部の伐採権は、シャム森林会社へ許可された。一方で、メコン川へ流送するしかない中央部と北部の伐採権は、フランス東アジア会社へと許可されたのである。

南部の森林（ナーン地区のチュム林区）はメコン川水系のイン川の源流域であり、分水界を越えてチャオプラヤー水系のヨム川までいたるにはかなりの距離があったために、そこからのチーク伐出は困難であった。シャム森林会社は木材トロッコを敷設することでようやくヨム川への流送を実現したのである（Pendleton 1963）。

一九〇九年、ようやく伐採を認可されたフランス東アジア会社は、イン川流域でのチーク伐採を開始した。チーク伐採木は、イン川を流送され、メコン川の長い旅を経てサイゴンへと送られたのである。

## イン川流域でのチーク伐採作業

フランス企業の投資は少なからぬ額であったが、伐採に割り当てられた森林から収穫できるチーク材はわずかなものであった。そこで一九一二年にフランス企業は、イン川流域の割当地と同規模の他の伐採権区の割当を政府に申請し、シャム政府は一九二五年から四〇年までのコック川流域の伐採権を付与している。

一九〇九年に、王室林野局はすべての伐採権区を一五年ごとに交互に作業区と閉山区にするように規定し、それはメコン川流域の森林にも適用された。フランス企業は最初の一五年間(一九〇九年から二四年)にはイン川流域で、つづく一五年間(一九二五年から四〇年)はコック川流域で伐採をおこなったのである。チャオプラヤー川流域と比較して、イン川流域での伐採作業がより困難であることはシャム政府も認識していたので、伐採権料は低く設定されていた。

チャオプラヤー川の場合には、チーク伐採権料はパクナムポー収税所で集められていた。メコン川流域ではイン川との合流点に収税所が設けられ、ナーンの森林事務所が監督をしていた。王室森林局は、実際には伐採権料の二五%を伐採現場で納めさせ、残りの七五%はイン川とメコン川の合流点で納めさせていた。一方、イン川流域で伐採されたチーク材の伐採権料は、どちらの流域へ流送されても同じであった。異なる点は、フランス東アジア会社の場合はイン川とメコン川の合流点で納めていたのに対して、シャム森林会社の場合はパクナムポーで納めていたことである。

### イン川流域でのチーク伐採手順

イン川流域でのチーク伐採の手順は他の流域と変わることはなかったが、より困難なものであった。通常この流域での搬出作業は、水位が高まる六月か七月に始まり、カム人の労働者によってメコン川へと搬出され、そこから遠くサイゴンまで流送されたのである。

　イン川上流域のタムナイ村、ロンハイ村、ピン村で伐採されたチーク丸太は、トーンの町を経由してメコン川まで搬出された。トーンで丸太は筏に組まれ、筏はイン川とメコン川との合流点のチェンコーンまで流送された。イン川の下流域は蛇行しているため、筏の流送は難しかった。蛇行する曲流部分は、地元では「ローン」とよばれている。ローンでは筏を操ることが難しく、労働者の死亡事故や筏の衝突によるチーク材の損傷が発生していた。フランス東アジア会社は、メコン川との合流点近くのトゥンアン村の付近で、このローンを短絡させる工事をおこなっている。また短絡水路を作ったことで、元の本流の曲流部分をチーク材の土場として利用することができた。水位が上がるまでの間この土場にチーク材を貯木し、また筏に組んだのである。

　イン川流域での搬出作業のためにフランス東アジア会社は、大径の車輪を使い車軸の地上高を高くした「高輪（high wheels）」とよばれる荷車を開発した（Bourke-Borrowes：1927：33）。丸太を車軸の下に懸架することで、重心を下げて安定性を高めるとともに、大径の車輪はより高速での移動を可能とした。

　王室森林局は、イン川とメコン川の合流点近くのテン村に収税所を設け、チーク材がメコン川へ入る前に伐採権料を徴収していた。イン川とメコン川の水位が異なった場合、合流点近くで逆流が起こるので、そのときにはチークの流送は難しかった。

　イン川がチェンコーンでメコン川と合流した後は、チーク材はサイゴンまでメコン川を使って流送された。流送は三月か四月に始まる。チェンコーンからルアンパバンまでは一部の急流以外に大きな障害はなかった。ルアンパバンでいくらかのチーク材が売られたが、ほとんどはさらに下流のヴィエンチャンへと流送された。ルアンパバン近郊のパークターからヴィエンチャンまでは、ルアンパバンのカムの人びとが流送に従事した。彼らはメコン川の流送の経験が豊富で、かつ労賃が低廉であったために、フランス企業が好んで雇用したのである（Dauphinot 1905：630；Bedetty 1900：648）。丸太はいったんヴィエンチャンで繋留され、さらにサバナケート、ケマラートへと流送されてそこで筏に組まれた。

そこからサイゴンまでの間には、無数の滝と岩の瀬が続くシーファンドンにコーンと呼ばれる大きな滝が待ちかまえている。季節ごとに二つの方法がとられた[6]。雨季には筏はいったんデック島やコーン島に繋留されて単木の丸太に解体された後、島と島の間の狭い部分を使って流送された。乾季には一番大きな島であるコーン島に陸揚げされてトロッコで陸送された後、下流側で筏に組みなおされた。チェンコーンからサイゴンまでの流送にはおよそ二年間が必要であった（Cordier 1907：666）。

フランス東アジア会社は、サイゴンとプノンペンの二つの製材所であわせて年間約四〇〇〇本のチーク丸太を製材していた（Smith 1915：20）。製材所はサイゴンの町から三五キロ離れたところにあって、七〇〇トンのチーク丸太を蓄えていた。これはインドシナで最大の規模であった。

当初輸出先はフランスに限定されていたが、一九一四年以降は、アメリカ、イギリス、シンガポール、香港へも出荷されるようになった。

フランスアジア会社によるイン川流域のチーク材の伐出が可能となった背景には二つの要因がある。一つはフランスの威圧的な働きかけである。フランスはシャム政府のためらいを押し切るように、イギリスと協約を結びながら、メコン川流域の伐採権を獲得していった。フランス東アジア会社がイン川流域の伐採権を得たのも、一九〇四年のシャム・フランス協定にもとづくものである。

二つめは、鉄道道路網が未発達であった当時、イン川流域からチークのような重量物を輸送するには流送に頼る以外なく、外港をサイゴンに求めるほかなかったことである。当初のイギリス系ボンベイビルマ会社への伐採権付与の計画も、実行に移されることはなかったのである。王室林野局は、メコン川流域のチークを伐採して、分水嶺を跨いでチャオプラヤー川流域へ搬出するように計画したが、それは難しかった。重くてかさばるチークは、メコン川本流へ流送するほかなかったのである。

## 四　市場への接合と分断――戦争・市場・原動機

かつて森は深くそして遠い存在であった。そこでは森棲みの人びとが、散在する森林産物を集めて生活の糧としてきた。集められた森林産物は、仲買人の手を経て川の流れに沿うように港市に集められ、海の向こうの外部世界へと送られてきたのである。北ラオスでも、焼畑で自給自足し、森の産物で収入を補う生活が何世紀にもわたって続けられてきた。一九三一（昭和六）年に台湾総督官房調査課がまとめた『シャムの森林』の冒頭には次のように書かれている。

シャムは「森林の国」で、無数の有用林産物を包蔵しているが、交通の不完備から、チーク以外の有望なる資源は殆ど将来を嘱目されつつ千古の惰眠を貪っている。（台湾総督官房調査課　一九三一：

一）

森は保護・保全の対象ではなく、無尽蔵の資源が開発をまつ宝庫と考えられていた。「千古の惰眠を貪っている」森の開発は、大陸部ではチーク、ボルネオではフタバガキの商業伐採というかたちで進んでいく。時期は異なるがこの二つの木材を求めて、東南アジアの森が大きく改変されていったといえる。

この二つの樹種の分布には共通する特徴がある。それは純林を形成しないということだ。それゆえモンスーン林のチークも熱帯多雨林のフタバガキの場合も、天然林の伐採は必然的に択伐となり、森そのものは残る。しかし、この伐採後を追いかけるように農地が拓かれ、またオイルパームやアカシア・マンギウムやユーカリのプランテーションが拡大していったことで、熱帯林の多くは失われてしまったのである。

本稿では、二〇世紀の前半まで、ラオスのラックがバンコクへ、タイのチークがサイゴンへと、流域と国境とまたいで市場へと出荷される例をみた。深い森から産物を運びだすことは容易ではない。ラックのように軽い産物は、駄馬の背に載せて山道を辿って運ぶことができる。しかし重い産物は、川を使って流送するほかなかったのである。

ラックや安息香が馬やロバの背で峠を越え、手びき鋸で切られたチークが象で搬出されていたころは、森から運びだされる量もおのずとしれていた。しかし東南アジアを広く見わたせば、二〇世紀の後半には、道路網が整備され、疲れを知らない原動機が森を伐りひらくようになって、市場に向けた過度な利用が広がっていくことになる。タイ東北部では、冷戦期の一九五八年にバンコクとノーンカイを結ぶフレンドシップ・ハイウエーが開通した。道路網は東北タイ全域を覆うようになり、それとともに「ラーオの森」の東北タイ部分はケナフ、キャッサバ、ユーカリといった商品畑作地帯へと変わっていった。冷戦期に西側諸国の一員となったタイでは、「開発の時代」の三〇年間に東北部の森林の七〇%が失われたのである。

しかしメコン左岸のラオスでは、ラーオの森のすべてが市場に一方的に包摂されることはなかった。第二次大戦が終わった後も、インドシナでは戦争が続いた。一九四六年から五四年までの対フランス第一次インドシナ戦争、一九六〇年から七五年までの対アメリカ第二次インドシナ戦争、そして一九七八年のベトナム・カンボジア戦争から一九七九年の中越戦争にいたる第三次インドシナ戦争である。仏領インドシナ時代、インドシナ戦争、そして共産諸国との結びつき、さらにドイモイ政策による市場経済化と、インドシナ・ラオスの森林産物市場は、時期ごとに、ある市場への接合とそこからの分断をくり返し経験してきた。すなわち地域全体を覆い尽くすような一方的な工業化・市場経済化によって森林林野利用が極端に単純化されることはなかったのである。

二〇〇五年のFAOの森林アセスメント（FAO 2006：191）によれば、ラオスの森林率は六九・九%で、これはブータン（六八・〇%）やマレーシア（六三・六%）やカンボジア（五九・二%）を抜いて、南・東南アジアのなかでもっとも高い値である。ラオスでは例外的に森林が残り、そしてその地元では多様な森林産物の利用・生産を実際にみることができる。

しかし、ヴィエンチャン、パクセー、サワンナケートではメコン川に架かる橋やアジアハイウエーの建設など交通基盤の整備が進められ、辺境の森でも経済的な統合が進んでいる。

自然立地と歴史の偶然によってラオスには豊かな森が残った。アンナン山脈では一九九〇年代にはいってからサオラ、オオボエジカ、ヒメホエジカ、トラフウサギといった大型哺乳動物の新種記載が続き、ラオスイワネズミがターケークの市場で「発見」されている。このようにラーオの森は広いだけではなく、未知な豊かさを秘めた森でもある。二一世紀にまで生き延びることができた東南アジアのなかでも自然度の高い森をラオスの将来にどのように活かしていくのかが、いま問われている。

注

(1) 「19世紀なかば当時シャム人がラーオ地方とよんだのは、現在ラオスと呼ばれている領域には限られない、メコン川の西側を含む広範は地域だった。すなわち、今日のタイ国東北部のほぼ全域と、かつてラーンナー王国が展開した地域もまた、シャムとは異なるラーオ地域とみなされていた。」(飯島 一九九九:三四八)

(2) ここでは一九〇九(明治四二)年から一九二四(大正一三)年の期間を扱う。

(3) NA r5 M 16.1/23, 28 Jan. 1902.

(4) NA r5 M 16.2/53, 9 Jan. 1903.

(5) NA r7 KS 5.1/2, 10 Dec.1926.

(6) NA r5 M 16.2/61, 29 July 1892.

参考文献

飯島明子 一九九六 「歴史的背景7・ランサン王国の成立と発展」、綾部恒雄・石井米雄編『もっと知りたいラオス』二〇頁、東京：弘文堂。

——　一九九九　「植民地化のラオス」、石井米雄・桜井由躬雄編『東南アジア史I』東京：山川出版。

柿崎一郎　二〇〇〇　『タイ経済と鉄道　1885～1935年』東京：日本経済評論社。

台湾総督官房調査課（編）　一九三一　『暹羅の森林』台北：南洋協会台湾支部。

竹田晋也　一九九〇　「北タイ地方におけるラック作りの技術と宿主木について」『東南アジア研究』二八（二）：一八二―二〇五。

——　二〇〇七　「ラオス北部カムの人びとの土地利用は安定化できるのか？」『第一一八回　日本森林学会要旨集』。

Bedetty, R. 1900. *Le teck au Siam. Bullletin Economique de l'Indo-Chine.* Library of Center for Southeast Asian Studies, Kyoto; Zug, Switzerland: Inter Documentation Company, microfiche.

Bourke-Borrowes, D. R. S. 1927. *The Teak Industry of Siam.* Bangkok: The Ministry of Commerce and Communications.

Brown, Ian. 1988. *The Elite and the Economy in Siam c. 1890-1920.* Singapore: Oxford University Press.

Cordier. 1907. *L'exploitation des tecks du basin du Mekong et le chemin de fer de Savannaket a Quang-Tri. Revue Indo-Chinoise.* Library of Center for Southeast Asian Studies, Kyoto University; Paris: Association pour la conservation et la reproduction photographique de la presse, microfilm.

Dauphinot, G. 1905. *Les forest de teck au Siam. Bullletin Economique de l'Indo-Chine.* Library of Center for Southeast Asian Studies, Kyoto; Zug, Switzerland: Inter Documentation Company, microfiche.

Falcus, Malcolm. 1989. *Early British business in Thailand.* In R. P. T. Davenpot-Hines and Geoffrey Jones (eds.) *British Business in Asia since 1860.* Cambridge: Cambridge University Press.

Food and Agriculture Organization. 2006. *Global Forest Resources Assessment 2005.* Roma : FAO.

Ingram, James C. 1971. *Economic Change in Thailand 1850-1970.* Stanford : Stanford Univeristy Press.

Laohachaiboon, Suphawat and Shinya Takeda. 2007. Teak Logging in a Trans-boundary Watershed : An Historical Case Study of The Ing River Basin in Northern Thailand. *Journal of the Siam Society* 95 : 123-141.

Lejosne, Jean-claude. 1993. *Le Journal de Voyage de Geritt van Wuysthoff et ses Assistants au Laos(1641-42),* 2nd rev.ed. Metz.

Macaulay, R. H. 1934. *History of the Bombay Burma Trading Corporation, 1864-1910.* London : Spottiswoode, Ballantyne and Co.

Masuhara, Yoshiyuki. 2003. Foreign Trade of the Lan Xang Kingdom (Laos) during the Fourteenth through Seventeenth Centuries. In Yukio Hayashi and Thongsa Sayavongkhamdy (eds.) *Cultural Diversity and Conservation in the Making of Mainladn Southeast Asia and Southwestern China Regional Dynamics in the Past and Present,* pp. 54-77. Kyoto : Center for Southeast Asian Studies, Kyoto Univeristy.

Pendleton, Robert L. 1963. *Thailand : Aspects of landscape and life,* 2nd ed. New York : Van Rees Press.

Smith, Franklin. 1915. *Teak in Siam and Indo-China.* Washington : Government Printing Office.

Stuart-Fox, Martin. 1998. *The Lao Kingdom of Lan Xang : Rise and Decline,* Bangkok : White Lotus.

Thailand, The Ministry of Commerce and Communications. 1930. *Siam ; Nature and Industry,* Bangkok.

Suehiro, Akira 1996 *Capital Accumulation in Thailand, 1855-1985.* Chiang Mai : Silkworm Books.

# サラワク・シハン人の森林産物利用

## ――狩猟や採集にこだわる生計のたてかた

加藤裕美

おおよそ一万年以上前、人類はまだ農耕や牧畜を始めていなかった。世界の人口は一〇〇〇万人で、彼らすべてが狩猟や採集により暮らしていた。その後、二〇〇〇年前頃には世界の人口は三億五〇〇〇万人に達し、狩猟や採集を生業とする人びとの割合はそのわずか一パーセントにまで減少する（Lee and DeVore 1968）。今日では、狩猟や採集をなりわいとする人びとは、世界的に急激な勢いで姿を消しつつある。

本書の舞台のひとつ、サラワクにも森のなかで狩猟や採集をして暮らしてきた人びとがいる。彼らはサゴヤシからとれる澱粉を主食として、森のなかを遊動しながら暮らすという共通した特徴をもっている[1]（Needham 2007）。二〇世紀初めには、こうした遊動生活を営む人びとが、ボルネオ島に一〇万人以上いたと推測されている。彼らは、しばしば、プナンという民族名称でひとくくりにされることもあるが、現実にはいくつものエスニック・グループに分かれている。

今日では、ほとんどのエスニック・グループが定住もしくは半定住しており、かつてのように森のなかを遊動しながら暮らしている人びとは三〇〇人ほどしかいない（金沢 二〇〇五）。本稿でとりあげるのは、すでに定住をしているグループのひとつシハン人である。彼らは、全人口二〇二人と非常に数少なく、ただ一つのロングハウスに住んでいる（District Office 2007）。

サラワクでは、第1章で述べられたように、一九七〇年代後半から木材の伐採が加速し、ここ三〇年で森林環境が大きく変化した。この木材伐採の進行は、熱帯雨林の自然環境に大きな影響を与えただけでなく、現地にすむ人びとの社会にも大きな変化をもたらした。伐採道路が奥地まで延びたことで上流部にすむ人びとは下流の地方都市へ流出し、地方都市からは電化製品などのモノが大量に流入してきた。イバン人やカヤン人など農耕民の村々では、賃金労働の従事による農業離れ、地方都市への移住によるロングハウスの過疎化や空洞化が報告されている（祖田 一九九九、津上 二〇〇五）。

かつて遊動生活をおくっていた人びとの暮らしにもさまざまな変化が生じた。サラワク州政府は、州の財源として重要な伐採を円滑におこなうため、遊動生活をおくっていた彼らの定住化を進めた。定住政策は、一九六〇年代にロングハウスの建設と焼畑栽培の導入を主軸として進められた。一九八七年以降には、彼らの社会経済的な支援を名目とした、さまざまな公共政策がおこなわれた。診療所や小学校の建設、農器具や作物の種の配布、生活改善員の派遣などである(2)（金沢 二〇〇二）。シハン人は、一九六〇年代以前は森のなかを転々としつつ動物や魚をとり、森林産物を採集して暮らしていた（Rausseau 1990）。しかし、彼らも一九六〇年代には州政府の政策によってロングハウスに定住し、農業プロジェクトを受け入れ焼畑栽培をはじめた。

このような大きな変化をここ数十年のあいだに経験してきたシハン人の暮らしはどうなったのだろ

うか。定住化や焼畑栽培の開始は、彼らの暮らしにどのような影響を与えたのであろうか。本稿では、私が二〇〇四年より一年余りシハン人のロングハウスに住みこんで見聞きしてきたことから、彼らの暮らしを語りたい。

## 一　シハン人の暮らしと生業

### シハン人の暮らし

シハン人は、今日、サラワク最長の河川であるラジャン川の上流に住んでいる。ラジャン川の下流の地方都市、シブから九時間ほどエクスプレス・ボートに乗るとブラガという町に到着する。シハン人のロングハウスは、ブラガの町から森のなかを歩いて二時間ほどのところにある。[3] サラワク州の主要な地方都市は、すべて沿岸部に存在するため、シハン人のすむ山がちでアクセスの不便な内陸部は、人口密度が低く政治経済的な周縁地となっている。

シハン人の森林産物の利用は、一九六〇年代の定住を境として大きく変わった。定住する以前、シハン人は、主食となるサゴヤシの多い場所を見つけては、その近くに簡素な小屋を作り、まわりにあるサゴヤシをとっては、食べつくすとサゴヤシの多い別の場所を探して頻繁に移動するという生活をおくっていた。またサゴヤシの採集をしながら、狩猟、漁撈、果物の採集もおこなっていた。周辺の農耕民とも往来があり、獣肉はしばしば塩やタバコに換えられた。

政府の定住政策により、シハン人は周辺の農耕民の居住形態にならったロングハウスを建て定住するようになった。同時に、焼畑栽培も導入し、陸稲を作りはじめた。しかし、定住後しばらくは焼畑に本格的に取り組んだわけではなく、依然としてサゴヤシを求めて頻繁に森のなかを歩きまわる生活をおくっていた（Maxwell 1991）。

移動の頻度が少なくなったのは一九八〇年ごろからである。このころにはブラガの町近くまで商業伐採がせまっていた。一九九〇年代に伐採キャンプがシハン人のロングハウスから約四キロメートル離れた森まで入ってくると、彼らはさらに定着性を強めた。伐採がおこなわれることによって移動できる範囲が狭められたからである。

政府による農業プロジェクトや養殖プロジェクトも定住を促進させる要因となった。これらのプロジェクトは「発展」や「進歩」という名のもとで、彼らに遊動生活から定住生活への転換を促したのである（金沢 二〇〇二）。今日では、シハン人のロングハウスのほぼ全世帯が焼畑でコメ、キャッサバ、トウモロコシ、ナガマメ、ウリなどを栽培している。

## シハン人の生業と森林産物

今日、彼らは、おもに狩猟、漁撈、採集、焼畑栽培を組み合わせて生業としている。例外的に公務員として働く人や、限られた期間だけ賃金労働に出る若者もいる。

一年を通じてシハン人の暮らしをみると、生態環境の変化によって、前記の四つの活動を複雑に組み合わせていることがわかる（図1）。そのときの気候や自然環境に一番都合の良い活動を選んで中心的におこない、それ以外の活動は副次的におこなっている。

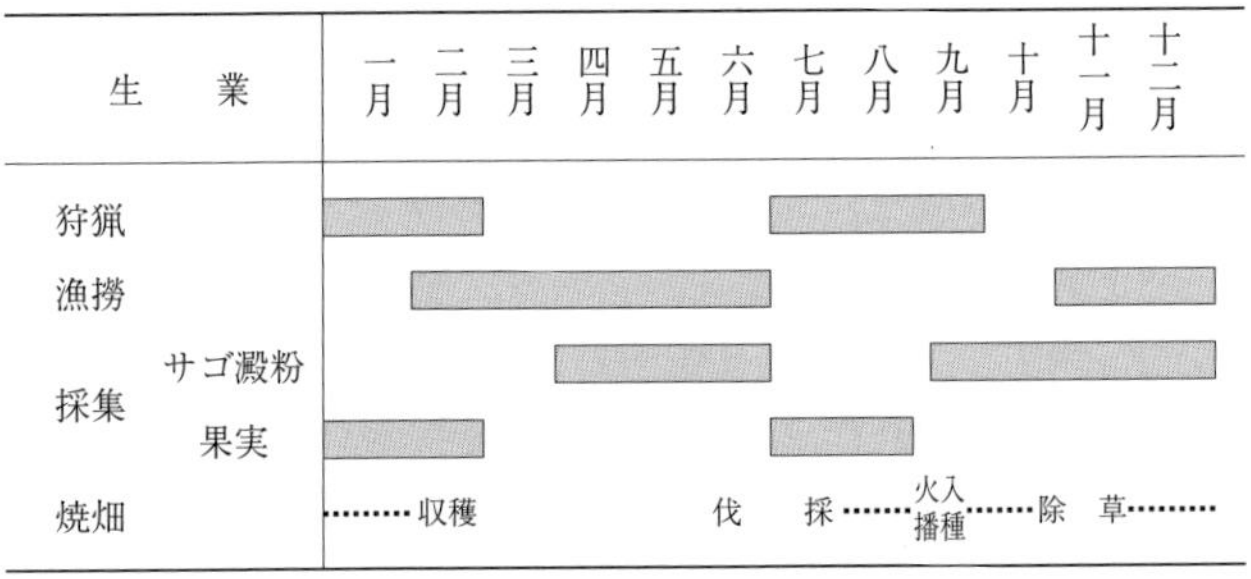


図1　年間の生業サイクル（2004年の例）

たとえば、二〇〇四年の場合、狩猟期は二回あった。一月、二月と七月、八月である。これらの季節は森のなかの果実が熟れ、それを目当てにたくさんの動物が集まってくる。こうした時期には漁撈はあまりおこなわれず、人びとは狩猟により多くの時間と人数をさく。ロングハウスには毎日のようにイノシシやシカなどの動物が狩られて運ばれてきた。それ以外の時期は、たとえ猟に出かけても獲得量は少なかった。

一方、狩猟がさかんでない時期には、漁撈に多くの時間をかける。とくに雨が降らない時期には二、三日かけて泊りがけで遠くの川まで漁撈に出かけることも多く、後述するようなさまざまな漁法を使って魚をとっていた。

主食である米の栽培とサゴ澱粉の採集は、時期をずらしておこなわれていた。八月の種もみの播種や、二月の収穫の農繁期には、サゴ澱粉を採集しなかった。これに対して、米の収穫後、つぎの焼畑を開くまでの四月、五月や、稲が成長するのを待つ一〇月から一二月に頻繁にサゴ澱粉の採集に出かけている。

このように、シハン人たちは、狩猟、漁撈、採集、農耕を組み合わせて一年をおくっていた。以下では、それぞれの活動がどのようにおこなわれているか、またどのような森林産物が手に入れられているのかをくわしくみていこう。

## 狩猟

シハン人が、暮らしをたてるための活動としてもっとも重要だと考えているのは狩猟である。(4) 獲物が一匹とれた場合、魚とくらべ格段にたくさんの肉を得ることができる。売れば高額の現金を得られる。そのため、彼らはふだんから他の活動に比べて多くの時間を狩猟についやす。ときには二日、三日帰らずに猟を続けることもある。もっとも遠出したときは、ロングハウスから一六キロメートルほど離れた森で猟がおこなわれた。

狩猟に出かける際には、猟の成功を願った儀礼がおこなわれることがある。猟の成功のためには、多くの禁忌を守らなければならないとされている。ロングハウスで帰りを待つ家族たちも禁忌を守る。そのため、見かけにはわからないが猟の成功・不成功に対してかなり神経質になる。狩猟の対象となる動物は、昔話や伝説にも多く登場し、精神的にも彼らは動物と密接なつながりがあることがわかる。また、ロングハウス内での獣肉の分配は、人びとの相互扶助的な関係をはぐくんでいる。

シハン人は、哺乳類から得られる獣肉をとくに重要な食物であると考えている。なかでも彼らがもっとも好むのはヒゲイノシシで、その他では、シカ、サルもよく狩られる。ジャコウネコやシベットなどもたまにではあるが食される。

シハン人は遊動時代より、狩猟に吹き矢と槍を使ってきた。吹き矢は、鉄木《てつぼく》などの硬い木に細い穴

写真1　槍猟をおこなうシハン人の老人

をあけて矢筒を作る。そこに毒を塗った細い矢を入れ、ありったけの息で矢を飛ばして獲物を射とめる。矢はヤシ科の植物で作られる。髄を細く削り、先端を尖らせ毒を塗る。反対側には、円錐形に磨いたやわらかい木髄を取りつけ、おもりとする。この地域で毒に利用されるのはタジュム（*Antiaris taxicaria*）とよばれるクワ科の植物などである。

吹き矢で射とめられる動物は、イノシシ、マレーグマ、ナキジカ、ブタオザルなどの大型哺乳類から、マメジカやヤマアラシなどの小型哺乳類にいたるまでさまざまである。吹き矢は成人男性が使う。強い肺活量と、二メートルほどある重い矢筒を支える腕力が必要だからである。吹き矢は、無音であるため一度失敗しても動物に気づかれることが少ない。このため、狩猟の成功率は高くなる（Puri 1995）。

槍猟は、遊動時代には吹き矢とならぶ主要な猟法であった。しかし、今は老人のみがおこなう（写真1）。槍もボルネオ鉄木などの硬い木から作られる。先端に鉄の刃を結びつけ、動物に突き刺す。槍で仕とめるのはイノシシ、スイロクなど大型哺乳類である。この猟法は、動物の相当近くまで接近するため、風向きや、音などに配慮する必要がある。吹き矢猟、槍猟ともに犬を使うことによって成功の確率がさらに高くなる。しかし、猟銃の導入により、吹き矢も槍も今日ではほとんど使われなくなった。私がロングハウスに滞在している間に槍で獲物がしとめられたことはなかった。

この地域に猟銃が持ちこまれたのは第二次世界大戦以降ということである（Brosius 1992）。ロングハウスでの聞き取りによると、シハン人は一九五〇年代に近隣の農耕民であるカヤン人やケジャマン人などから銃を入手するようになったという。当時、銃一丁は籐製のマット二、三枚と交換された。

写真２　猟銃で仕とめたヒゲイノシシ

銃を使った狩猟の対象となるのは大型、小型のあらゆる哺乳類である（写真2）。

銃による猟についで今日よくおこなわれるのは、はね罠猟である。ヤマアラシやセイランなど比較的小型の動物を対象とすることが多く、一〇代から二〇代の若者が好んでおこなう。このほか重要度は低いが、ゴムの樹脂を鳥モチに使って鳥類を獲ることもある。これも若者によってよくおこなわれる。

### 漁撈

シハン人は獣肉が好きだが、実際に日々のおかずとして食卓に上がるのは魚が多い。おかずとして充分な獣肉が得られたとき以外、彼らは毎日のように漁に出かける。

写真3　魚毒漁で毒となる樹液を川に流す人びと

行けば必ず何らかの収獲がある。漁には、網漁（投網、刺し網、すくい網）、筌《うけ》漁（早瀬筌、平瀬筌）、銛漁、水中銃、釣り、魚毒漁などさまざまな漁法が用いられる。もっとも頻繁におこなわれるのが投げ網と刺し網を使った漁である。日々の食卓にあがる魚は、ほとんどこの二つの漁によりもたらされる。対象となるのは、コイ科を中心にナマズ科、ドジョウ科の魚やサワガニ、カワニナ、オニデッポウエビなど川に棲むさまざまな生物である。その他、ヘビ、カメ、オオトカゲ、カエルなども食物となる。

自給用と異なり、販売される魚は限られている。販売されるのはおもに、コイ科のタンゴ（*Tor duorenensis*）やバジャウ（*Hampala macrolepidota*）、クシャイン（*Leptobarbus hovenii*）とよばれる魚であった。これらをとるには、水中銃が使われることもある。

ふつう彼らは、一人か二人で漁をおこなう。これに対して、魚毒漁（写真3）は数世帯が一緒になっておこなう。魚毒漁がおこなわれるのは二、三カ月に一度、雨が少なく川の水位が下がった時期である。漁に用いる毒はクリイン（*Derris elliptic*）とよばれるマメ科の植物からとられる。この根をあらかじめ採集しておき、漁のときに、川の水際で木の棒を使って根を叩き潰し、そこから出てくる白い樹液を川に流す。魚毒が流れた川は白く濁る。魚やカメは動きが鈍り川面に頻繁に浮きあがってくる。これを手づかみやザル、すくい網ですくうか、銛で突く。とくに難しい技術を使わなくても大量の魚がとれるため、魚毒漁には老若男女が参加する。ピクニックのような楽しみとしての要素も大きく、とった魚の一部はその場で調理して食べる。

## 採集

食料となる野生植物や果実の採集には、特別な道具や技術を必要としない。ただし、主食となるサゴ澱粉の採集は、細かい作業工程をともない、分業しておこなわれる。ときに二日間におよぶ大仕事となる。作業の詳細は第3章で述べられているサゴ澱粉の採集とほぼ同じである。シハン人が澱粉をとるサゴヤシは三種類ある。ホンサゴヤシ、[5] トゲサゴヤシ、それに、もともと栽培種であったバロウ（*Metroxylon sagu*）とよばれるサゴヤシである。

サゴヤシ以外の野生植物は、狩猟や漁撈のついでや、焼畑への行き帰りに採集されることが多い（写真4）。シハン人は、ロングハウスを中心に最大でも四キロメートルほどの範囲にある森で野生植物を採集していた。おかずとしてよく採集されるのは、グネツム、タケノコ、ショウガ科の植物、タラップノキなどである。これらの野生植物は、ロングハウスから比較的近い果樹林や二次林で採集される。これに対して、遠く離れた二次林で採集されるニオイマメや籐の若芽は、独特の風味があるため、珍味とされ市場で販売される。

果実の季節となると、毎日のようにさまざまな果物を食べるようになる。二〇〇四年の例では、八

写真4　野生のバナナの葉を採集する女性。葉は乾燥させてタバコを巻く葉に利用する。

月の一カ月間で二四種類もの果物が食べられたとされる。よく食べられるのは、タラップノキやドリアンの一種のルボック（*Durio ox-leyanus*）、プラサンなどである。特定の果物を集中的に食べるのではなく、さまざまな種類の果物を食べている。たくさん採れる時期には、果物を市場に売りにいくこともある。

食用以外では、籐が重要な森林産物となっている。籐の採集は農閑期に女性を中心におこなわれ、マットやカゴなどを作成して市場で販売する。

**焼畑**

シハン人が作る焼畑には、外畑と庭畑がある。外畑は、ロングハウスから一～五キロメートル離れた土地に拓かれる。米を主としてトウモロコシやキャッサバ、アマメシバ、タバコなどが栽培される。二〇〇六年の焼畑は、ロングハウスから南東へ約一キロメートル離れたところにあり、一世帯あたりの平均の栽培面積は約一〇〇アールであった。原生林に拓いた焼畑のほうがより生産性が高いが(Hong 1991)、彼らは二次林を好む。なぜなら原生林の開拓は骨のおれる危険な作業で、より多くの労働力を必要とする。また原生林はロングハウスから離れたところにしかないため、収穫した稲を運んで帰ったり、毎回遠くまで農作業に通う労働力を考慮した結果であろう。[6]

庭畑は、ロングハウスのすぐそばに拓く。バナナやキャッサバを中心に、ナガマメ、トウモロコシ、ビンロウヤシ、トウガラシなど、人びとが日常的に利用するものを栽培している。庭畑は、外畑とは時期をずらして拓かれる。このほか、ブロン・タノッとよばれるコショウ科の植物（*Piper sarmentosum*）やサゴヤシなど、好みの野生植物を移植して栽培している例もみられる。しかし、庭畑の面積は狭く、栽培される種類も限られているため、人びとは野生植物のほうをより頻繁に利用する。

シハン人のおこなう焼畑栽培では、カヤン人やクニャ人などの農耕民のそれとくらべて、耕作面積が狭く、収量も多くはない。男性は農繁期でも焼畑作業を放って頻繁に狩猟に出かける。シハン人にとっての焼畑栽培の重要度は、カヤン人やクニャ人などの農耕民にくらべて低いようだ。[7]

## 二　食事における森林産物の重要性

### シハン人の食生活

「カマン！　カマン！（ご飯だよ！　ご飯だよ！）」食事の支度がすむと、女たちは家族全員の名前を呼んで食事をとるように促す。家族が全員そろうのを待たず、皆それぞれ勝手に食べはじめる。そして食べ終わると、またそれぞれ立ち上がっていく。家族で食事をとっているのだが、団欒を楽しむというふうではない。一人が食事にかける時間は一〇分程度である。短い時間ですまされる食事だが、そこで食べられているのはシカ、サル、カメ、カエルなどじつに多様な森の動植物であった。

シハン社会における食事の特徴のひとつとして、食事の時間や回数が決まっていないことがあげられる。深夜の一時や三時に起こされ、食事をすることもよくあった。食事調査の結果から、一日のあらゆる時間帯で食事がとられていたことがわかった。これは、獣肉や魚などの動物性食材が重視されるのと大きな関係がある。つまり食材の到着に合わせて食事がなされるからだ。夜の一二時に獲物が持ち帰られれば、すでに熟睡していた皆がわざわざ起きだして食事をする。逆に誰かが狩猟や漁撈に出ていれば、調理し終わったご飯や植物性のおかずは何時間でも放置され、彼らの帰宅が待たれる。その日にとれた獲物によって、一日の食事回数は二回から五回と日によってまちまちである。

## 食事における森林産物の重要性

森林産物が食事のなかでどのように使われているのかをみてみよう。まず、さまざまな種類の動植物を食物として利用していることが指摘できる。私の滞在中、彼らは一四九種類の森林産物を食用に採集していた。果実の利用と同じように、特定の動植物を集中的に利用するのではなく、多様な動植物を利用していることが特徴としてあげられる。

主食となるサゴ澱粉と米の利用をくらべると、おもしろいことがわかる。シハン人は遊動時代、サゴ澱粉を主食としていた。今日でも、老人は米よりもサゴ澱粉を好む。米を食べてもすぐにおなかが減ってしまうが、サゴ澱粉を食べると腹もちがいいという（写真5）。しかし、若者は反対に、サゴ澱粉はすぐに腹が減ってしまい米のほうが腹もちがいいと話す。

米とサゴ澱粉の利用頻度を比較すると、米のほうが約三倍多く食されていた。焼畑栽培が浸透してきた結果であろう。しかし、料理法の豊富さや、ご馳走であるイノシシ肉との料理の組み合わせを考えると、今でもサゴ澱粉は彼らの食事のなかで重要な位置を占める。米とサゴ澱粉の料理の種類数をくらべると一目瞭然である。米が三種類であるのに対し、サゴ澱粉は混ぜる素材や料理法の違いにより九種類にも分けられる（表1）。とくに、おかずとして人びとが好む獣肉や魚があるときには、サゴ澱粉は断然好まれる。

写真5　サゴ料理 linut とサゴ料理用の箸 bila を作る夫婦

彼らが普段口にするおかずは大きく二つに分けられる。ひとつは獣肉や魚など、動物性のおかずバオ（*bao*）で、もうひとつは植物性のおかずレル（*lelu*）である。彼らは動物性の食物がないと食べた気がしないという。食事調査では、一食につき最低一品の動物性のおかずを食べていた。しかし、先述のとおり彼らは獣肉よりも魚のほうを多く食べていた。獣肉は販売に回されるからである。おかず全体の内訳をみると、採集された野生植物がもっとも頻繁に食べられており、魚類がそれに続く。植物性のおかずでは、野生植物が利用回数、種類において栽培植物の約二倍多く

表1　サゴ澱粉を使ったヤシ料理の種類

| 料理名 | 料　理　法 |
|---|---|
| *linut* | 鍋に湯を沸かす。そこに水でといたサゴ澱粉をそそぐ。その後，火を止めヘラを持ち上げるように万遍なく混ぜる。もっとも一般的な料理法で，魚や肉をおかずにして食べる。 |
| *alap* | おかゆを作る。そこにサゴ澱粉を加え，おかゆとよく混ぜる。 |
| *kelapit* | サゴ澱粉を手で細かく砕きフライパンのなかに入れて煎る。その後砂糖と少量の油を入れ，混ぜる。その後しばらくゆっくりかき混ぜる。甘いお菓子。 |
| *sivou* | イノシシなどの肉を炒める。そこに少量の水で溶いたサゴ澱粉を加え，混ぜて炒める。 |
| *belalet* | サゴヤシの若芽やキノコのスープを作っておく。そこにサゴ澱粉を手で砕きながら入れ，よく混ぜる。 |
| *bakutup* | イノシシの肉や大きな魚をぶつ切りにし，スープを作くっておく。そこにサゴ澱粉を手で砕きながら入れ，よく混ぜる。 |
| *tilau* | ヤシの葉の上でサゴ澱粉と，細かく切ったイノシシ肉や魚などを混ぜる。その後ヤシの葉で包み，遠火で薫製にする。 |
| *doro* | サゴ澱粉を手で砕き砂糖と油を混ぜボール状にする。それを直火で焼き。焼けたところを食べ，また焼く。イノシシの油に付けて食べることが好まれる。 |
| *awak* | 加熱したイノシシの脂身にサゴ澱粉を手で砕いて入れ揚げる。油になりきらずに残った脂身の肉と一緒に食べる。 |

利用されていた。

シハン人のロングハウスでは、近年、焼畑からとれる米の重要性が高まってきた。次第に農耕民の暮らしに似てきているのかもしれない。しかし、比較的、焼畑栽培への依存が少なく、野生生物の利用が多い点など、遊動時代の特徴をまだ強く残している。例えば、米を重要視し季節ごとにあまり変化がない農耕民のイバンの食事の内容に比べると（内堀 一九八〇）多くの食材を野生の動植物に頼るシハン人の食事は、年を通じて変化に富んでいた。

## 三　市場経済化による森林産物の販売

### ブラガ市場

シハン人は、森林産物を自給用の食物として利用する以外に市場で販売している。それらの森林産物は、市場でどのように取引されているのであろうか。市場は、シハン人のロングハウスから歩いて片道一時間強、約四キロメートル離れたブラガの町にある。ブラガは、交易と商業取引の中心地であるだけではなく、この地域の行政の拠点でもある。市場には、周辺にあるほとんどの村々から人びとが集まり、取引きがおこなわれている。この地域の村落は、シハン人をのぞくと、すべて農耕民であるカヤン人やクニャ人などからなっている。このため、狩猟や採集を生活の基盤としているシハン人の存在はとくに目立っている。市場には華人の経営する常設店舗と、近隣の農耕民が自由に林産物を持ち寄る自由取引所がある。常設店舗は四〇軒ほど、商店や食堂となっており、このうち華人の経営する店舗が約八割を占める。だが森林産物の取引は、市場内に設けられた自由取引所で場所代を払わずにおこなうことができる。

### 市場での森林産物の販売

私がシハン人たちとニオイマメ（*Parkia speciosa*）を籐のカゴいっぱいに入れて、ブラガへ売りにいったときのことである。舟で川を渡っていたところ、対岸の道の下手からたくさんの人が群がって船着き場のほうへやってきた。彼らは川岸からニオイマメを持ってくる私たちを見つけ、集まってきたのであった。取引き場所にたどり着く前に、その場で籐のカゴが開かれ、あっという間に集まってきた人びとがニオイマメを吟味し買っていった。

しばらくして人だかりが小さくなり、私たちは籐のカゴを背負って歩きだした。一〇メートルも歩かないうちに、今度は市場の中央から話を聞きつけた人たちがやってきた。そうこうしているうちに、その日運んできたニオイマメ約一〇〇束は売り切れてしまった。このように、シハン人が市場に持ち込む森林産物への需要は、周辺の農耕民たちのあいだで高い。

シハン人が売る森林産物は種類や買い手によって三つに大別できる。一つめは、イノシシ、キョン、スイロクジカなどの大型哺乳類の肉でその場でさばいて売る。買っていく人びとは華人が中心で、他にカヤン人などの農耕民である。二つめはマメジカ、魚、野生植物や果物など、比較的小型の森林産物で、商店の前に並べて売る。これらを買っていくのは市場で商店を経営している華人が多く、その他マレー人、カヤン人やクニャ人である。三つめは、カエル、スッポン、ニシキヘビなどである。これらは、他の森林産物にくらべて需要が低く、好んで買う人がおおよそ決まっているため、町にすむ華人、公務員のイバン人、メラナウ人などに直接売り込みにいく。ラジャン川沿いのロングハウスに暮らす農耕民はめったに購入しない。

シハン人からの聞き取りによると、彼らが販売している未加工の森林産物の種類は二〇種、加工された森林産物は五種であった。未加工の森林産物には、獣肉や魚、野生植物が含まれる。加工された森林産物には、籐のマットやカゴなどがある。未加工の森林産物の販売による収入が全体の約九割を占めている。未加工の森林産物のなかでは、イノシシ肉からの収入がもっとも多く、約四割を占め、魚からの収入が約三割を占めていた。そのほか野生植物からの収入が約二割あった。

私がシハン人のロングハウスに滞在していた間、米や野菜などの栽培植物は一度も販売されなかった。周辺の農耕民が野菜などの栽培植物を中心に売るのに対し、シハン人は狩猟や採集によって得られた獣肉や魚などの森林産物を販売の中心としていた。

## 狩猟や採集にこだわる生計戦略

冒頭で述べたとおり、シハン人はすでにロングハウスに定住しており、焼畑栽培をおこなっている。もはや狩猟や採集だけをなりわいとしているわけではない。しかし、本稿でみてきたとおり、それでも彼らはかつての遊動時代に狩猟や採集に頼って生活していたころの特性を今日でもいかして暮らしていた。

シハン人は、カヤン人やクニャ人など農耕民とくらべると焼畑を丹念におこなってはいない。サゴ澱粉は依然として大切な主食のひとつであるし、動物性の食材を得るために、狩猟や漁撈に相当の時間をついやしていた。今日の生活には欠かせない現金収入を得るためにもさまざまな動物が狩猟され、植物が採集されていたのである。

このようなシハン人の暮らし方の特徴は、周辺に住むカヤン人やクニャ人などの農耕民の村々と比べるときわだってくる。また、農耕民のロングハウスを訪ねると、空き室が多いことにすぐに気づく。伐採キャンプや地方都市などへ世帯全員で出稼ぎにいくことが多いのである。一方、シハン人のロングハウスには空き室は少なく、多くの村びとたちは、頻繁にロングハウス周辺の森へ入り狩猟や採集をおこなっている。

シハン人は、定住や農業を始めてすでに四〇年ほどたった。しかし、それでもなお、長年農耕をおこなってきた人びととは生活の仕方が違っていた。彼らには長年にわたりおこなってきた、さまざまな動物を狩猟し、森林産物を採集するという暮らし方が身体に染みついているようである。

注

（1）ただし、移動の周期や、住居を作る場所、集団の人数などは、それぞれのグループにより異なる（Needham 2007）。

（2）しかし、これらの公共政策は、もともと森のなかでの遊動生活をしていた人びとの暮らしになじみにくい（金沢 二〇〇一）。

（3）シハン人は遊動時代、数家族が集まったバンドごとに森のなかに散在していた。しかし、一九六〇年代の定住と同時にロングハウスを建て、一カ所に集住した。現在では、ロングハウスの長、村落委員が行政に登録され、一つの共同体としてあつかわれている。

（4）これは、サラワクの他の狩猟採集民と同じ特徴である（Needham 2007）。

（5）和名は、岩佐（一九七五）より。

（6）井上（一九九五）によると、原生林での焼畑は、伐った木が燃えるようになるまでに、より長い乾燥期間をおかなければならないので、結局、時間が余計にかかるという。

（7）金沢（二〇〇一）は、プナン人の作る焼畑が農耕民のそれとくらべて粗末であることを指摘している。

## 参考文献

井上　真　一九九五　『焼畑と熱帯林――カリマンタンの伝統的焼畑システムの変容』東京：弘文堂。

岩佐俊吉　一九七五　『熱帯の有用作物』東京：農林水産省熱帯農業研究センター。

内堀基光　一九八〇　「サラワク・イバン族の献立表」『岐阜大学教養学部研究報告』一六：一一九―一三六頁。

金沢謙太郎　二〇〇一　「生物多様性消失のポリティカル・エコロジー――サラワク、バラム河流域のプナン集落における比較調査から」『エコソフィア』七：八七―一〇三。

――　二〇〇五　「サラワクの森林伐採と先住民プナンの現在」、池谷和信編『熱帯アジアの森の民――資源利用の環境人類学』二七三―三〇一頁、京都：人文書院。

祖田亮次　一九九九　「サラワク・イバン人社会における都市への移動とロングハウスコミュニティーの空洞化」『地理学評論』七二（A-一）：一―二二頁。

津上　誠　二〇〇五　「オラン・ウル――バルイ流域民の現在から」、林行夫、合田濤編『講座世界の先住民――ファースト・ピープルズの現在　〇二東南アジア』東京：明石書店。

Brosius, P. J. 1992. *The Axiological Presence of Death: Penan Gang Death-names.* UMI Dissertation Services. The University of Michigan.

District Office. 2007. *Senari nama ketua kaum daerah Belaga 2007.*

Hong, Evelyne. 1991. *Natives of Sarawak: Survival in Borneo's Vanishing Forest.* Pulau Pinang: Institut Masyara（『サラワク先住民――消えゆく森に生きる』北井一・原後雄太訳、東京：法政大学出版局）

Lee, R. B. and DeVore, I. 1968. *Man the Hunter.* Chicago: Aldine Pub. Co.

Maxwell, Allen R. 1991. Balui Reconnaissances: The Sihan of the Menamang River. *The Sarawak Museum*

*Journal* Vol. XLLI No. 64 (New Series) : 1-45.

Needham, R. 2007. Penan. P. G. Sercombe and B. Sellato (eds.) *Beyond the Green Myths : Hunter-gatherer of Borneo in the Twenty-first Century*, pp. 50-60. Copenhagen : NIAS Press.

Puri, R. K. 1995. *Hunting Knowledge of the Penan Benalui of East Kalimantan, Indonesia. Diss.* UMI Dissertation Services, University of Hawaii.

Rousseau, J. 1990. *Central Borneo : Ethnic Identity and Social Life in a Stratified Society.* Oxdord : Clarendon press.

# 第3章　森にすむ人びとの知恵を探る

本章では東南アジア熱帯の人びとの自然利用の知恵を紹介する。森林や土地利用の形式は「農業」や「林業」だけではない。東南アジア熱帯では、これらの枠組みではくくれないさまざまなスタイルの自然利用の知恵が編みだされてきた。

まず小坂論文では、ラオスの中部地方でみられる産米林を取りあげる。産米林とは、水田拡大の必要性から林地の確保が難しくなった場所で、水田に森林の機能ももたせるシステムである。農民たちは、水田を拓くさいに、有用な樹種を伐り残し、水田内で管理することによって長期にわたり利用する。これは、森林と農地を二者択一的に区分しようとする行政のあり方の問題を明確に示している。

つぎに鮫島・小泉論文では、ボルネオの森林におけるヤシのサゴ澱粉採集とオオミツバチの蜂蜜・蜂の子・蜜蠟採集を取りあげる。両者とも、森林から資源を抜き出す方法である。サゴ澱粉も、蜂蜜・蜂の子・蜜蠟も、変動する現地社会のなかで人びとの生活や文化を支えつづけている。このことは、開発か保護の二者択一ではなく、森林はそのままで人びとにとって有用な資源に富み、人間と生物が共存する場であるという事実を示している。

小坂論文では森林を農地のなかに組みこみうるものとしてとらえ、鮫島・小泉論文では農地の外の広大な森林の存在のうえに成り立つ資源利用を描く。この違いの背景の一つに両者の人口密度の差がある。小坂論文の対象地では一平方キロメートルあたり三四人（一九九九年）、鮫島・小泉論文の対象地ではそれぞれ四人、〇・九人（ともに二〇〇〇年）である。

一方で、二つの論文は共通する認識を示している。それは、外部者の思い込みや欲望で森林の「線引き」をしたり「価値」を決めたりするのではなく、住民が森林をいかに利用・管理しているかに学び、それを尊重すべきだということである。

# 「水田と樹木の複合」の知恵
## ――ラオス中部の産米林の事例から

小坂康之

### 一　森林の減少と「産米林」の形成

森林が減少する要因には、自然現象によるものと人為によるものがある。ここでは、人為による要因を検討してみよう。人間が木を伐ることが問題となる場合、木を切る人が森林資源の持続性に留意すれば、伐採の過程は一定以上に進まないはずだ。そこで本稿では、人びとが木を伐る過程における知恵や技術を詳しく調べることで、森林資源の管理を考えてみたい。そのための題材として、ラオス中部からタイ東北部にかけてみられ、水田内に多くの樹木が残された特徴的な景観である「産米林」に着目する。

人びとの伐採によって森林が減少する場合、そのおもな原因としては、「皆伐」、「択伐」、「森林の分断」があげられる。まず皆伐は、農地造成などの目的のため、森林に生えている樹木をすべて伐り払ってしまうことである。つぎに択伐は、材として価値の高い樹種のみを選択的に伐り出す方法であ

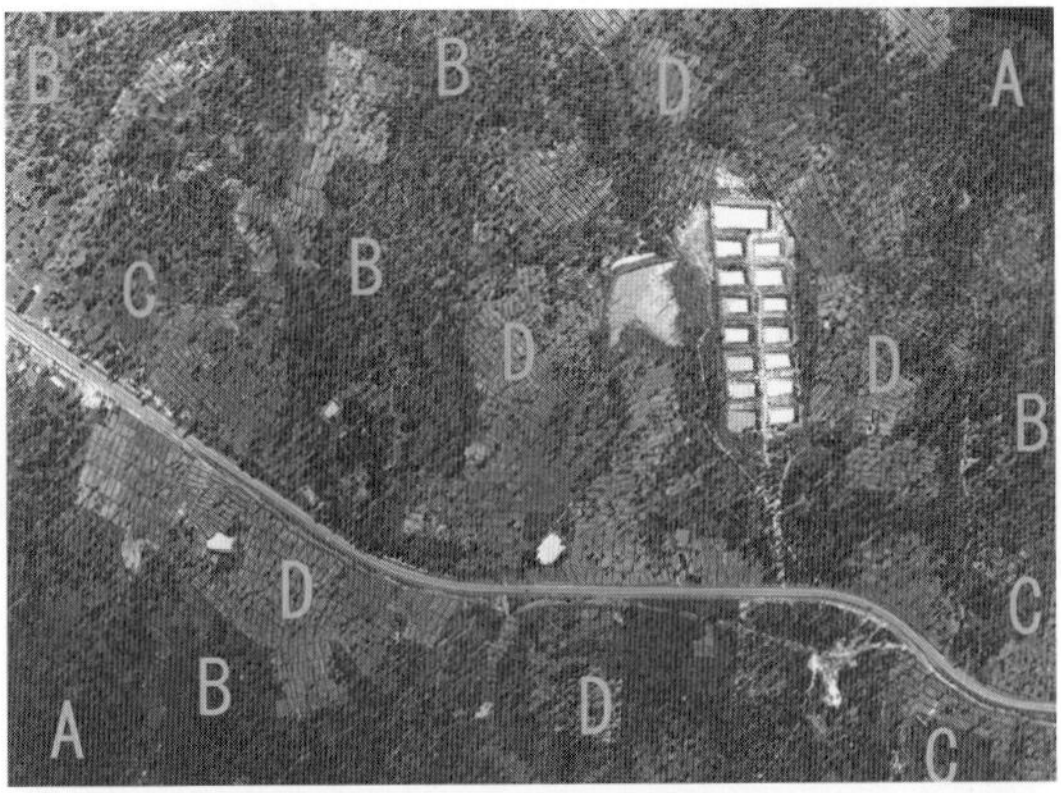

写真1　ラオス中部サワナケート県におけるモンスーン林帯の航空写真

る。熱帯の森林では、単位面積当たりに生育する樹木の種数が多く、伐採コストを抑えるために、材として価値の高い樹種のみを伐り出す択伐がおこなわれることが多い。そして森林の分断とは、農地の開墾や道路の建設などにより、相当な面積を有するひとかたまりの森林が、いくつもの小さなかたまりに分断されることである。道路の建設によってひとたび森林が分断されると、人びとが容易に森林に入ることができるようになり、さらなる伐採と分断が起こる。

ここで、写真1をみてみよう。これは、ラオス中部の一地区におけるモンスーン林とその周辺の航空写真である。まず、写真右上と左下の濃い黒色の部分が、森林だ（A）。このような森林には、胸高直径一メートルを超える大木がそびえている。樹木の枝葉が空を覆いつくしているため、日中でも薄暗い。大木のなかでも、特に *Dipterocarpus alatus* や *Hopea odorata* などのフタバガキ科樹木や、*Afzelia xylocarpa*、*Pterocarpus macrocarpus*、*Xylia xylocarpa* などのマメ科樹木は、真っすぐで堅い幹をもつため、用材として価値が高い。それらの樹木は、建築や販売目的のため近隣の住民によって択採されていく。その後、胸高直径五〇センチ以下の中小径木からなる疎林が形成される（B、写真2）。このような疎林は日が差しこんで明るく、食用となる野生動植物が日常的に採集される場だ。そして、住民が新たに農地を開墾するさいには、このような疎林が対象とされる。開墾のさいの伐採は小さい樹木から順に進められ、最後には切り株と立木が点在する土地となる（C、写真3）。さらに、水を溜めるための畦が作られれば、水田の完成である（D、写真4）。つぎの年の雨季には、犂とまぐわで耕され、稲が植えつけられる。

このように、写真1の航空写真をみると、森林が択伐され、さらに水田開墾や道路の建設にともなって森林が分断されていく様子が明確に読みとれる。

写真2　モンスーン林の伐採によって形成された疎林

写真3　水田開墾のために樹木が間引かれた疎林

写真4　新しく拓かれた水田

ここで着目したいのは、開墾された水田のなかに、多くの立木が残されている点である（写真4）。この特徴的な景観は、モンスーン林が分布するラオス中部からタイ東北部にかけて広くみられ、タイ東北部を調査した高谷らによって、「産米林」と名づけられた（高谷ほか 一九七二）。つまり、写真2～4に示されたように、森林が伐採され、立木の残る水田がひらかれる過程は、産米林の形成過程とみなすことができるだろう。

## 二　産米林にみられる数々の知恵

それでは、なぜ樹木が残されるのだろうか。タイ東北部では、住民が、水田の樹木を多面的に利用している。例えば、大径木は、用材や薪炭材、中小径木の材は工芸品の材料とされる。また葉や実のなかには、食料や薬となるものが多い。さらに、強い陽射しが照りつける熱帯の水田では、樹木の陰が人や家畜に休息の場を与えてくれる（Grandstaff et al. 1986；Watanabe *et al.* 1990；Prachaiyo 2000）。また樹木の落葉は、土壌に養分を供給する（Vityakon 2001）。そして、野鳥、トカゲ、昆虫など、野生動物の生息地としての役割もある（Grandstaff *et al.* 1986）。野生動物は、水田を中心とする生態系の構成要素であるだけでなく、人びとの重要な食料とされている。

水田の樹木の有用性は、ラオスにおける筆者の調査でも確認された。そして、このような「水田と樹木の複合」は、森林資源の確保と農業生産の維持を両立させるための人びとの知恵なのではないかと考えられた。さらに、そこからふみこんで、産米林の知恵を、森林資源の管理に生かすことはできないかと推察してみた。

ところで、水田の樹木が有用であるならば、どこの水田にも、樹木が多く残されているはずである。しかし、ラオス中部の水田には、木が多く残る場所と、そうでない場所があった。なぜ、水田の樹木の分布に違いがあるのだろうか。その原因を調べることで、「水田と樹木の複合」という知恵がどのようにして生じ、用いられているかがわかるだろう。

そこで筆者は、ラオス中部のサワンナケート県（図1）において、産米林の植生の調査をおこなった。サワンナケート県の年平均気温は二六・五度、年平均降水量は一四七三ミリメートル（そのうち五月から一〇月までの雨季に一二九九・二ミリメートル、一一月から四月までの乾季に一七三・八ミリメートル）である（NOFIP 1992）。

図1　ラオス地図と調査地の位置

土地利用別の面積の割合をみると、五五・五パーセントが林地、二三・八パーセントが潜在的な林地（焼畑と遷移初期の休閑林を含む）、八・八パーセントが疎林、九・一パーセントが農地（おもに水田）、二・八パーセントが都市、草地、水域とされている（NOFIP 1992）。また、サワンナケート県内の世帯の八〇パーセントが水田耕作に従事している（UNDP 1998）。

調査地には、つぎのような三つの村を選定し（図1）、二〇〇一年から二〇〇三年にかけて、水田内に分布する樹木の種数と密度を計測した。

まず、ドンマックゲオ村は、一九六〇年に開かれた新しい村である。人口は八九七人、森林面積は二七一ヘクタール、水田面積は一九五ヘクタールであった。ドンマックゲオ村の水田にはフタバガキ科を中心とする樹木が残され、それらの樹木は用材や薪炭材として利用されている。調査の結果、水田には合計二三種の樹木が観察された。そのうち三種は植栽されたものだが、その個体数は少なかった。ドンマックゲオ村では、水田の樹木の有用性は住民によって認識されているものの、同じ樹種が周囲の林地に多く分布しているため、村人による樹木の管理はおこなわれていなかった。

バーク村は、二〇〇年以上前に開かれた古い村である。人口は一八五二人、森林面積は四五四ヘクタール、水田面積は八四三ヘクタールであった。バーク村では、以前おこなわれた樹木の伐採のため、水田には樹木がほとんど残されていない。調査の結果、水田にはわずか七種の樹木が観察されただけであり、それらの個体数も非常に少なかった。バーク村では、村落内の大きな林地から豊富な森林産物を採集できるため、水田内に樹木は必要ないとされている。

ナクー村も、一〇〇年以上前に開かれた古い村である。人口は一五九四人、森林面積はわずか数ヘクタールである。しかし、村の土地の大部分を占める水田には樹木が多く残され、薪炭材や食料が採集されている。調査の結果、水田には合計一一九種の樹木が観察された。そのうち植栽された樹木は二七種にのぼる。そして林地をもたないナクー村では、不足する森林資源は、水田の樹木の管理によって補われていることが明らかとなった。

このように、三つの村における水田の樹木の種数を比較したところ、ナクー村で最大の種数が記録された。さらにナクー村では、他村とくらべて樹木の密度が高いことも示された。開墾後一〇年程度の新しく拓かれた水田では高い密度（約六〇本／ヘクタール）で樹木が生育し、一〇〇年以上経た古い水田においても、まだ樹木が残されているのである（約一〇本／ヘクタール）。

ナクー村における樹木管理の具体的な事例として、つぎのようなものがあげられる。まず水田の開墾時に、水田に樹木を積極的に残す。とくに、太くて真っすぐな幹をもち用材として価値の高い種や、落葉が土壌を肥やすと認識されている種、若葉や果実が食用とされる種が選ばれる。

そして、薪炭材を採集するための枝の刈り込みも重要である。とくに、マメ科樹木 *Peltophorum dasyrrhachis* は、村人によって枝の再生が早い樹木と認識されている。そのため、一年おきに、地上二メートルから三メートルの高さで枝が採集され、薪炭材とされる。つまり、材を利用する場合にも根元から伐らずに、枝を適度に採集することで、持続的に利用しているのである。

さらに、有用樹の植栽があげられる。この場合、水田の畦やシロアリの塚が、有用樹の植栽の場として利用される。有用樹のなかでも、パルミラヤシ（*Borassus flabellifer*）、ギンネム（*Leucaena leucocephala*）、マンゴー（*Mangifera indica*）、タマリンド（*Tamarindus indica*）など果実が食用とされる樹種や、綿状の種衣が枕や布団の詰め物として利用されるカポック（*Ceiba pentandra*）が好んで植えられる。これらの樹木を植えるために、わざわざ盛り土をして畦を広げることもあるほどだ。

このように、保護、刈り込み、植栽という樹木の管理によって、ナクー村の水田では多くの樹木が生育し、それらの樹木が住民に資源を提供している。

## 三　森林の植生と人里の植生

つぎの二枚の写真（写真5、写真6）は、それぞれナクー村の水田景観である。どちらの水田にも樹木がみられるが、景観はまったく異なっている。写真5の水田では、幹の太い樹木が適度な間隔をあけて水田のなかに生育している。写真6の水田では、点在するシロアリの塚の上に幹の細い樹木が密生している。なぜ、同じ村の水田域で、このように異なる景観がうまれるのだろうか。その理由をさぐるために、ナクー村の水田において樹木の広域分布を調査した。

その結果、写真5のように水田のなかに生えている樹木は、そのまわりにほとんど実生が観察されなかった。一方で、これらの樹木の実生や親個体は、水田周囲の林地に多く生育していた。このことから、これらの樹木は、水田を開墾する前の林地に生育していた種という意味で、「残存種」とよべる。残存種には、フタバガキ科樹木 *Dipterocarpus obtusifolius*、イルビンギア科樹木 *Irvingia malayana*、*Peltophorum dasyrrhachis* などが含まれる。残存種の多くは、その種子がウシやスイギュウなどの反芻動物や、風によって散布されることが知られている。イネ収穫後の水田に放牧されるウシやスイギュウによって種子が散布される場合、水田内に散布されることが多いだろう。また水田内に分布する樹木から風によって散布されても、やはり水田内に運ばれると考えられる。そして水田内に散布された種子は、たとえ発芽しても、湛水や耕起など農作業にともなう攪乱によって、枯れてしまう。そのため残存種の分布は、水田を開墾する前の林地の植生をそのまま反映していると考えられる。

一方、写真6のように、シロアリの塚に生えている樹木は、そのまわりに多くの実生が観察された。これらの樹木は、水田周囲の林地にはほとんど生育していない。このことから、これらの樹木は、水田のような人里を好むという意味で、「人里種」とよべる。人里種には、インドセンダン *Azadirach-*

写真5　田面に分布する「残存種」の樹木

写真6　シロアリの塚の上に生育する「人里種」の樹木

*ta indica*、タイコクタン *Diospyros mollis*、クワ科樹木 *Streblus asper* などが含まれる。人里種の分布にも、種子の散布様式が関係している。人里種の多くは多肉質な果実をもち、その種子は果実を食べた鳥やコウモリによって散布される。そのため、シロアリの塚の上に散布された種子から実生が育ち、分布を拡大していくと考えられる。

これらの結果から、水田の樹木の種類は、時間が経つにつれて変化していくように思われた。そこでナクー村において、古い水田と新しい水田に分布する樹木の種類を比較した。すると予測どおり、水田の樹木は、開墾後時間が経つにつれて、残存種から、人里種や植栽種へと、変化することが示された。そして同時に、樹木が生育する場所も変化し、水田内に分布する個体の割合が減少し、畦やシロアリの塚に生育する個体が増加した。つまり、開墾されたばかりの新しい水田では写真5のような景観がみられ、時間が経つにつれて、写真6のような景観が形成されると考えられる。

なお、ナクー村の水田で記録された合計一一九種の樹木のうち、八六種が住民によって多面的に利用されていた。それらのうち野生種は五九種であり、おもな用途は食用（二五種）、用材（二一種）、薪炭材（一八種）であった。また植栽種は二七種であり、おもな用途は食用（一五種）、工芸品の材料（五種）、薬用（四種）であった。

このように、林地をもたないナクー村では、住民の管理のもとで、水田に森林の樹木（残存種）と人里の樹木（人里種や植栽種）が生育し、それらの樹木がさまざまな資源を供給しているのである。

## 四　森林と水田のせめぎあい

本稿のはじめにのべたように、ラオス中部やタイ東北部では、産米林の景観が広くみられる。そして、ラオス中部における筆者の調査結果により、産米林の形成過程は、ただ単に「林地」から「農地」へと転換される過程ではないことが明らかとなった。産米林の植生に着目するならば、「森林植生」から「人里植生」への転換という側面も同様に重要なのである。

森林植生から人里植生への転換は、つぎのような二つの特徴をもつ。

一つは、連続的に変化することである。これは、森林植生と人里植生は明確な基準によって区分されるのではなく、植生を構成する樹木のうち、残存種、人里種、植栽種の割合の増減によって、徐々に変化するという意味である。

もう一つの特徴は、可逆的に変化することである。これは、森林植生から人里植生へと向かう流れがある反面、その逆に、人里植生から森林植生に向かう流れがあるという意味である。例えば、森林植生から人里植生へと向かう流れには、食料や現金収入を確保するための農地の拡大などがあげられる。また人里植生から森林植生に向かう流れには、耕作放棄や廃村、伐採の禁止にともなう植生の遷移などがあげられる。

これらのことから、産米林は、森林植生と人里植生のせめぎあいの場にあるといえる。つまり産米林は、森林資源の確保と、農業生産の維持という、対立する二つの目的のあいだで形成された景観なのだ。実際に産米林は、森林資源を供給する役割も果たしている。本稿でのべたナクー村における水田の樹木が、その良い事例としてあげられる。

それでは、このような産米林の知恵を、森林資源の管理に生かすことは可能だろうか。ラオスの国土の四七％を占める森林は、木材伐採、薪炭材の採集、焼畑耕作によって、毎年七万ヘクタールが失われているとされる（NOFIP 1992）。そのためラオス政府は、森林保護区を設置することで住民の森林利用を制限し、森林資源を管理する政策を実施した。その結果、林地を有する村落において、大木の残る広い林地は保護林に、劣化した林地の一部はプランテーションや常畑を拓くための農地として指定された。しかし、この政策によって、住民が生活の手段をうばわれるなどの問題が表面化している。

このような背景のもとで、もし産米林の知恵が生かされるとしたら、土地利用区分の見直しだろう。森林政策の基盤となる、「林地」や「農地」といった従来の画一的な土地利用区分では、産米林での資源利用を評価することができない。産米林が農地として登録されれば、産米林での森林資源の利用は、農林業の統計に表れてこないのである。

もちろん、市場経済化や農業近代化の流れのなかで、産米林の樹木も伐られていくかもしれない。自給的な稲作がおこなわれてきたラオスの農村においても、最近では、販売を目的とする米の生産を始めたところがある。そして現金収入があれば、薪炭材や化学肥料を購入できるため、今後、水田の樹木の役割は小さくなるだろう。また農業機械を使用するならば、樹木の存在は邪魔になる。さらに、

# 人文書院
# 刊行案内

2024,8

鴨川鼠（深川鼠）色

## ザッハー＝マゾッホ集成全三巻

ザッハー＝マゾッホ 著
平野嘉彦／中澤英雄／西成彦 訳

各巻¥11000

### Ⅰエロス

習俗を巧みに取り込んだストーリーテラーとしてのマゾッホの筆がさえる。本邦初訳の完全版「毛皮のヴィーナス」、「コロメアのドンジュアン」ほか全4作品を収録。

### Ⅱフォークロア

ドイツ人、ポーランド人、ルーシ人、ユダヤ人が混在する土地。民族間の貧富の格差をめぐる対立。複数の言語、ガリツィアの雄大な自然描写、風土、民族、習俗、信仰を豊かに伝えるフォークロア的作品。「ハイダマク」ほか全4作品を収録。

### Ⅲカルト

あるいは「草原のメシアニズム」、あるいは「農本共産主義」（ドゥルーズ）を具現する、ロシア正教の異端宗派、ユダヤ教の二つの宗派など、さまざまなカルトが蟠居する東欧のスラヴ世界。マゾッホの宗教観を如実に語る「漂泊者」ほか、5編の小説および2編の論考を収録。

**◎内容見本進呈**
お問い合わせフォームにて送り先をお知らせください。お一人様1部までお送りします。

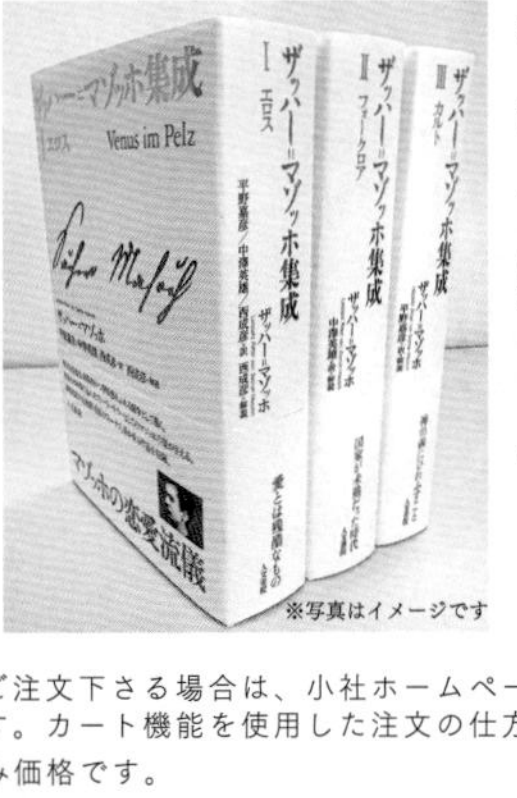

※写真はイメージです

詳しい内容や収録作品等の情報は以下のQRコードからどうぞ！

■小社に直接ご注文下さる場合は、小社ホームページのカート機能にて直接注文が可能です。カート機能を使用した注文の仕方は**右のQRコード**から。
■表示は税込み価格です。


## 人文書院

〒612-8447 京都市伏見区竹田西内畑町 9
TEL075-603-1344／FAX075-603-1814

編集部 Twitter（X）:@jimbunshoin
営業部 Twitter（X）:@jimbunshoin_
mail:jmsb@jimbunshoin.co.jp

## 新刊一覧

### セクシュアリティの性売買

キャスリン・バリー 著
井上太一 訳

搾取と暴力にまみれた性売買の実態を国際規模の調査で明らかにし、その背後にあるメカニズムを父権的権力の問題として理論的に抉り出した、ラディカル・フェミニズムの名著。

¥5500

### 人種の母胎

性と植民地問題からみるフランスにおけるナシオンの系譜

エルザ・ドルラン 著
ファヨル入江容子 訳

性的差異の概念化が、いかにして植民地における人種化の理論的な鋳型となり、支配を継続させる根本原理へと変貌をしたのか、その歴史を鋭く抉り出す。

¥5500

### 戦後期渡米芸能人のメディア史

ナンシー梅木とその時代

大場吾郎 著

日本とアメリカにおいて音楽、映画、舞台、テレビなど活躍し、日本人女優で初のアカデミー受賞者となったナンシー梅木の知られざる生涯を初めて丹念に描き出す労作。

¥5280

### 翻訳とパラテクスト

ユングマン、アイスネル、クンデラ

阿部賢一 著

文化資本が異なる言語間の翻訳をめぐる葛藤とは？ ボヘミアにおける文芸翻訳の様相を翻訳研究の観点から明らかにする。

¥4950

### マリア＝テレジア 上・下

「国母」の素顔

B・シュトルベルク＝リーリンガー著 山下泰生／伊藤惟／根本峻瑠訳

「ハプスブルクの女帝」として、フェミニズム研究の範疇からも除外されていたマリア＝テレジア、その知られざる実像を解き明かす、第一人者による圧巻の評伝。

各¥8250

### 戦後期渡米芸能人のメディア史

ナンシー梅木とその時代

大場吾郎 著

日本とアメリカにおいて音楽、映画、舞台、テレビなど活躍し、日本人女優で初のアカデミー受賞者となったナンシー梅木の知られざる生涯を初めて丹念に描き出す労作。

¥5280

### 読書装置と知のメディア史

近代の書物をめぐる実践

新藤雄介 著

書物をめぐる様々な行為と、これまで周縁化されてきた読書装置との関係を分析し、書物と人々の歴史に新たな視座を与える力作。

¥4950

### ゾンビの美学

植民地主義・ジェンダー・ポストヒューマン

福田安佐子 著

ゾンビの歴史を通覧し、おもに植民地主義、ジェンダー、ポストヒューマニズムの視点から重要作に映るものを仔細に分析する力作。

¥4950

シロアリの塚を削って、少しでも稲の作付面積を増やすほうが得策であると考えるかもしれない。
しかし、農業生産の増加をめざして樹木を伐採し、農地を拡大しつづければ、いずれ森林資源が不足する。そのため、森林資源の保全と農業生産の維持の両立が課題となる。そしてもし、「保護林」や「農地」という明確な土地利用区分の強制が、住民の生活に問題を引き起こしているならば、「農地」に「林地」の役割をもたせるなど、柔軟な資源管理を考えてもよいはずだ。そのとき「水田と樹木の複合」という知恵が、アイデアを提供してくれるだろう。

**参考文献**


高谷好一、友杉孝　一九七二「東北タイの〝丘陵上の水田〟――特に、その〝産米林の存在について〟」『東南アジア研究』一〇：七七―八五。

Grandstaff, S. W., T. B. Grandstaff, P. Rathakette, D. E. Thomas, and J. K. Thomas. 1986. Trees in Paddy Fields in Northeast Thailand. pp. 273-292. In G. G. Marten (ed.) *Traditional Agriculture in Southeast Asia.* Colorado : Westview Press.

Kosaka, Y., S. Takeda, S. Prixar, S. Sithirajvongsa, and K. Xaydala. 2006. Species Composition, Distribution, and Management of Trees in Rice Paddy Fields in Central Lao, PDR. *Agroforestry Systems* 67 (1) : 1-17.

NOFIP (National Office of Forest Inventory and Planning). 1992. Forest Cover and Land Use in Lao PDR : Final REPORT on the Nationwide Reconnaissance Survey. Lao-Swedish Forestry Co-operation Programme, Lao PDR.

Prachaiyo, B. 2000. Farmers and Forests : A Changing Phase in Northeast Thailand. *Southeast Asian Studies* 38 : 6-178.

UNDP. 1998. Socio-economic profile of Savannakhet Province. UNDP. Vientiane, Lao PDR.

Vityakon, P. 2001. The Role of Trees in Countering Land Degradation. *Southeast Asian Studies* 39 : 398-416.

Watanabe, H., K. Abe, T. Hoshikawa, B. Prachaiyo, P. Sahunalu, and C. hemnark. 1990. On Trees in Paddy Fields in Northeast Thailand. *Southeast Asian Studies* 28 : 45-54.

# ボルネオ熱帯雨林を利用するための知識と技

## ——サゴ澱粉とオオミツバチの蜂蜜・蜂の子・蜜蠟採集

鮫島弘光・小泉都

### 一　ボルネオ熱帯雨林の恵みを得る「知識」と「技」

赤道直下にある緑の島ボルネオは、一年を通して高温湿潤で、寒い冬も長い乾季も存在しない。だが、そこは人びとにとって決して暮らしやすい土地ではない。地面に落ちた植物の葉はすみやかに分解され、土壌中に残る養分は少ない。一方で雑草や害虫は絶え間なくわいてくる。このため土地集約的な農業はほとんどおこなわれず、毎年違う場所を伐りひらく粗放的な焼畑が一般的な農業形態である。森林のなかには野生のドリアンやマンゴーの仲間などさまざまな果物の木が生えているが、数年に一度しか実らない。このため人口密度はかつてより現在にいたるまで低い。それゆえ、火山灰土壌の多いジャワや、広大な氾濫原を擁するタイやベトナムなどのような土壌が肥沃で人口密度が高い地域とは異なり、歴史上大きな王朝は成立しなかった。

とはいえ、ボルネオは世界でもっとも豊かな生態系をほこる地域でもある。(1)樹高六〇～七〇メートルにも達する巨木が林立し、一ヘクタールに出現する樹木の種数は日本の一〇倍近くにもなる（Turner 2001）。古くからそこで生活する人びとは、森林のなかからさまざまな資源をみつけだし、日々の生活や交易に役立ててきた。だが、このような森林資源の多くは、採集や加工のための「知識」と「技」をもつことで初めて利用することができる。本稿では、ボルネオの森の恵みを得るための「知識」と「技」の例として、サゴヤシの澱粉採集とオオミツバチの蜂蜜・蜂の子・蜜蠟の採集の二つを取りあげる。

東南アジアの経済成長の進むなか、これらの「知識」や「技」を伝承してきた人びとの生活は急速に変わりつつある。本稿では、「知識」や「技」を記述するとともに、それらが存在する意義、そしてその意義の変化についても論じたい。

## 二　ヤシからのサゴ澱粉採集

### サゴ澱粉

ヤシ科の植物の自生は日本では数種しかみられない。これに対し、熱帯地域にはつる性のものから直立するものまで多様な種が存在する。このなかでも木のような幹をもつ種の一部は幹に大量の澱粉を蓄積し、人間がこの澱粉を食べることができる。ニューギニア、マルク諸島が原産のサゴヤシ（*Metroxylon sagu*）が澱粉をとるために東南アジアで広く栽培されているが、ボルネオではこれ以外の野生種もさかんに利用されている。ここでは、ヤシ科植物から得る澱粉を総称してサゴ澱粉とよぶことにする。この澱粉はヤシが繁殖のために蓄えるもので、開花期の前後に蓄積量が最大になり採集する適期となる。澱粉を蓄えるヤシが繁殖段階にはいる時期は、種によって異なるが、芽が出てから数年から一五年経ったころである。一年のなかでの繁殖期は固定していないため、サゴ澱粉の採集は一年中可能である。またこれらのヤシは地下茎から栄養繁殖によって新たな株を増やす能力をもつものが多く、その場合は一つの個体から生育した幹が集まった株立ちを形成する。このため、いくつかの幹を澱粉採集のために切り倒しても、株立ち全体（個体）を損なうことはない。

ところが、ヤシの幹に詰まった澱粉は容易には利用できない。澱粉のある髄は外側の硬い皮層に守られ、その髄は密に詰まったしっかりとした繊維で澱粉を守っている。そこで、東南アジアの熱帯雨林に暮らす人びとはサゴ澱粉を採集する技術を発達させた。ボルネオでは野生種のサゴ澱粉が、焼畑で栽培する陸稲、キャッサバ（南米原産）、バナナ、栽培種のサゴ澱粉などとともに、重要なエネルギー源として人びとに利用されている。

## ロング・ブラカ村でのサゴ澱粉の利用

ボルネオ内陸部の先住民には、特定の場所に定住しておもに焼畑陸稲栽培をおこなって生活してきた人びとと、森林の中で移動生活をおくりながら狩猟採集をおこなってきた人びとが存在する。サゴ澱粉は前者の人びとに利用されることもあったが、おもに後者の人びとが主食にしてきた。この数十年の間に、移動生活をおくってきた人びとの多くは定住して焼畑陸稲栽培をおこなうようになったが、彼らは今でもサゴ澱粉を重要なエネルギー源にしている。

本稿の筆者の一人小泉は、二〇〇二年から二〇〇七年にかけて、インドネシアの東カリマンタン州にあるバハウ川（カヤン川の支流）の中流域で、住民による森林利用の調査をおこなってきた。おもな調査対象は、プナン・ブナルイ（Penan Benalui：人口約四五〇人）という一九五〇～七〇年代に定住化した人びとである。彼らは、西プナン（Western Penan：人口約三〇〇〇人）と研究者が総称する言語集団の一地方集団である（Needham 1972; Brosius 1992; Puri 2005）。ここで取りあげるロング・ブラカ（Long Belaka）村はプナン・ブナルイのみが暮らす人口一六五人（二〇〇七年一月現在）の小さな村である。

サゴ澱粉採集はまず、繁殖段階のヤシの幹をみつけることから始まる。繁殖期、つまり収穫期にあたるヤシがあれば、その幹に鉈を切りつける。繁殖期であっても、個体によって澱粉の含有量は違う。刃に白い粉（澱粉）がついてくれれば、澱粉が詰まっているということである。さまざまな成長段階にあるヤシが生えている場所を観察しておくことも重要だ。森林の植物について教えてくれた中年の男性に、数種類のヤシのさまざまな成長段階のものを見たいのだがと頼んだことがあった。彼はそれらが見られる場所に的確に案内し、「二年前に一緒に通りがかった時は、これはまだ小さかったけれど覚えているか」などと言った。筆者はその観察力と記憶力に感心させられた。

澱粉をとる作業は一日、ないしは二日に分けて、幹の伐り出し作業と髄をほぐして澱粉を濾していく作業をおこなう。調査中、その作業を見てみたいと思いながらも、気づくともう澱粉を採ってきた後ということが続いた。そこである日、親しくしていた家族に作業への同行を頼み、父親（家長、五〇代前半）、母親（その妻、四〇代半ば）、息子二人（妻の連れ子、ともに一〇代後半）と出かけることになった。採集するのは、村の周りに豊富でこの村でジャカとよばれているクロツグ属の一種（*Arenga undulatifolia*）の澱粉である（写真1）[2]。

彼らと村を出て、森林のなかをしばらく歩くと、作業をおこなうのに適した清流の近くに着く。父親と息子二人はジャカを切り出しに向かった。母親はその場に残り、岸辺に澱粉を濾すための作業台を作りはじめた。まず、作業台の枠組みに必要な丸太を伐りだした。作業台は澱粉を濾す台と、それを下で受けて沈殿させる台の二層構造になっている（図1）。伐りだした木を水平に並べて下の台の骨組みをつくり、中央に澱粉を受けとめる約七〇センチ四方の布を大きなトレー状に張った。以前は布ではなくラタン（つる性のヤシ）で編んだマットを使っていたという。布が地面につかないように、布の下にはビニールシートを敷いた。以前は単に大きな葉を並べていたそうだ。組み合わせた枠組みや布の固定にはラタンを使った。その上に澱粉を繊維から濾し分けていくための台を作る。これには、直径二・五センチメートルほどのジャカの葉柄を使った。ジャカの葉は全体で長さ約七メートルに達し、約二メートルある葉柄部分は竹のように丈夫である。

母親が台を作っている最中に、父親と息子たちが、長さ約一・四メートルの二本の丸太になったジャカを運んできた。サゴ澱粉をと

写真1　*Arenga undulatifolia*（写真中央部）

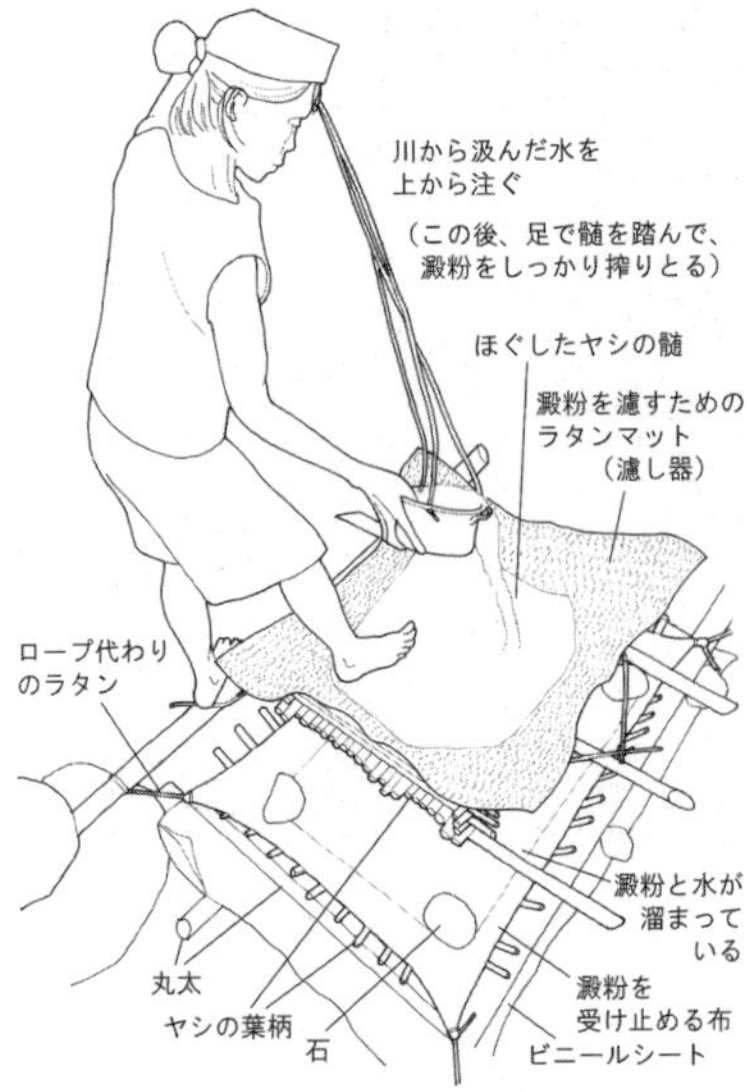


図1　サゴ澱粉の濾過作業

るヤシの多くは、一般の樹木よりもずっと硬く伐り倒すのが難しい。また幹はずっしりと重い。切り倒して運んでくるだけでもかなりの力仕事である。ジャカの丸太は、斧でそれぞれ半分の長さに切られ、さらに縦半分に割られた。これを小さな鍬のような形の道具で打ちつけて、髄を削るようにして繊維をほぐす（写真2）。この鍬の刃にあたる部分は、この村でナンガとよばれているヤシの幹の堅い部分から作ってある。足もとを狙って刃を打ちつけるので、油断すると足の指にあたってしまう。骨の折れる作業に、若い息子たちが熱心に取り組んだ。作業は、ショウガの仲間の大きな葉を並べた上に、剝いできた木の樹皮を広げた即席のマットの上でおこなった。

このほぐした髄から、母親が澱粉を濾しとっていった。まず、ほぐした髄を適量ラタンマット（濾し器）の上に置き、これをジャカの葉柄で出来た上の台に置く。このラタンマットは、水や澱粉は通すが繊維は通さない細かさに編んである。プラスチック容器に水を汲んで髄にかけ（図1）、台に上がってこの上で数回「ドッドッバンッ」と大きな音をたてて飛び跳ねた。葉柄でできた台は丈夫で、強い衝撃にももちこたえられる。さらに、ほぐした髄をラタンマットで包みこむような形にして、その上から踏みしめていく。こうすることによって、水と澱粉がラタンマットの目を通り、下の台に張った布の上へ流れ落ちていく。これを数回くり返した後、澱粉を濾しとった後の滓となった繊維を捨てた。そして、ほぐした髄をふたたび台に載せて同じ作業をくり返していく。

一連の作業を終えて下の台の布の上に澱粉が沈殿するのを待ってから、そっと上澄みの水を布の一角を崩して捨てた。少し茶色味を帯びて湿った澱粉が分厚く溜まっている。これを適当な大きさに折りたたみ、そのまま布でくるんでラタンで縛って持って帰った。その夜は、このサゴ澱粉を熱湯で溶いたものや、たっぷりの油で分厚く焼いたものを食べた。イノシシがあれば料理の幅が広がるが、あいにくその日はイノシシを獲った村びとはいなかった。しかし、熱湯で溶いただけでも風味があり美味しく、やはりその日の収穫であるキノコやジャカの新芽の炒め煮とよく合った。油で焼いたものは、都会から遠く離れた小さな村の生活のなかではうれしい菓子のような一品だった。

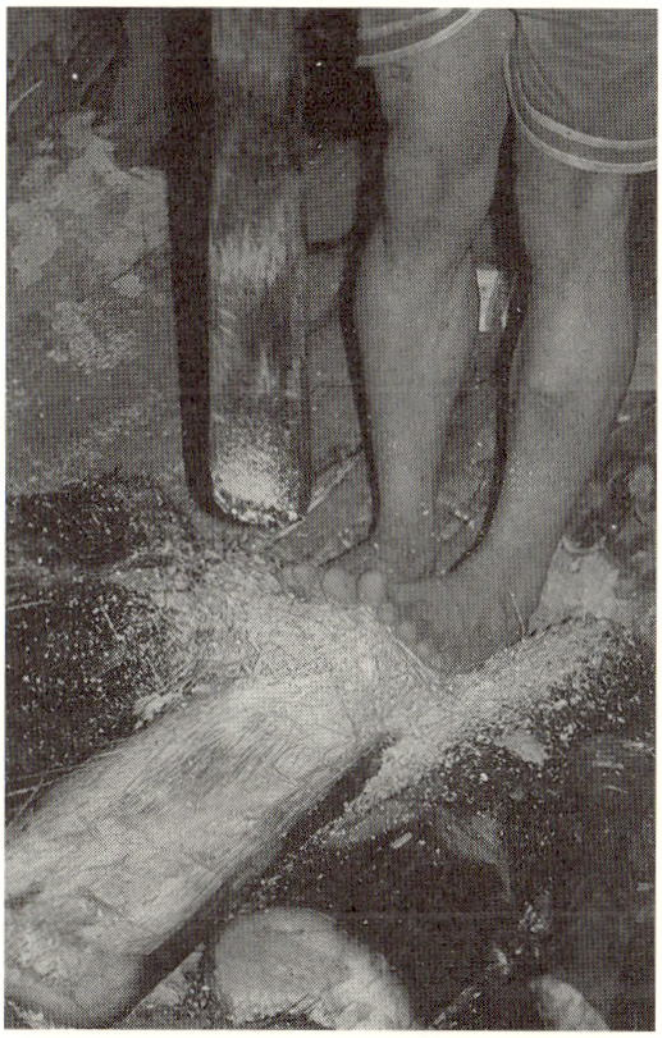

写真2　ヤシの髄の繊維をほぐす作業

## 森林を使いこなす知識

サゴ澱粉採集の技術は非常に洗練されたものだった。澱粉採集の適期にあたるヤシを見分け、機能的な作業台を作り、精巧に編まれた専用のラタンマットをはじめとする使い勝手のよい道具を用い、ヤシの堅い幹のなかから澱粉を取りだす。だが、このために彼らがあらかじめ所有しているのは、鉈や斧、前述の鍬状の道具、ラタンマット、布、ビニールシート、プラスチック容器だけである。他はその場で調達できる。ただし、個々の植物がどんな性質をもっているかについての的確な知識とそれを活かす技術は不可欠である。例えば作業台を作るには、必要な強度を提供する素材についての知識とそれを組みあげる技術が要求される。また、その場ですぐに素材をみつけるためには、同じような性質をもつ種をできるだけ多く知っていることが求められる。熱帯雨林に多種の植物が存在するということは、裏を返せば少数の例外を除き個々の種の生育密度が低いということだからである。実際に、彼らは特定の目的に使える植物を数多く知っていた。例えば、マット代わりにした樹皮は今回はトウダイグサ科のアカメガシワ属の一種であったが、この他にも同じ目的に使える三〇種以上の植物を知っていた。

### サゴ澱粉採集技術の重要性

熱帯雨林の生産性は高いが、食料資源の空間的・時間的偏在性は著しい。このため完全な自給自足生活は非常に困難だとも指摘されている（Headland 1987 など）。それにもかかわらず、ボルネオにはここで紹介したプナン・ブナルイ、加藤（第2章）が紹介したシハンなど、つい最近まで狩猟採集をおもな生業としてきた諸民族が二万人あまり暮らしている（Hildebrand 1982；Rousseau 1988；1990；Sitorus *et al.* 2004；Sellato 2007）。これらの民族は言語的に多様で、たがいの系統関係も明らかではないが、野生のヤシから採ったサゴ澱粉を主食としてきたという共通点をもつ（Brosius 1992：43-55）。狩猟採集という生活スタイルの基底に、サゴ澱粉を採集する「知識」と「技」の存在があったといえる

(Brosius 1991 も参照)。

一九六〇年代以降、これらの諸民族は定住して焼畑陸稲耕作をおこなうようになった。しかし、稲作をおこなう村でも年間の米の収穫量が消費量に達しないことが多く、サゴ澱粉はなお重要な食料の地位を保っている。調査を行ったロング・ブラカ村では例年、二月頃に収穫した米は八月ごろに底をつく。つまり、半年分程度の米しか収穫できていない。二〇〇四年の九〜一〇月に食事調査をおこなったところ、村全体の平均で主食のうちの約四％(回数ベース、家族によって〇〜二二％)に野生のサゴ澱粉が利用されていた。どこかの家族がサゴ澱粉を収穫してくると、他の家族は頼めばそれを分けてもらえる。ただし、実際は、付近の村で森林産物の販売や日雇い労働(農作業、荷揚げ、大工仕事、洗濯など)によってお金を稼ぎ、そこで買った米を食べることのほうが多かった。また、村で栽培したバナナやキャッサバも食べていた。交通の便が悪いさらに奥地の村になると、米の収穫も悪ければ現金収入の機会もほとんどない。そんな村で話を聞いたところ、米がなくなれば野生のサゴ澱粉を採集すればよい、サゴ澱粉を米と同じくらいよく食べていると村人たちは語った。

## 三　オオミツバチの蜂蜜・蜂の子・蜜蠟採集

### オオミツバチ

東南アジアから南アジア一帯にはオオミツバチ(*Apis dorsata*)という、野生のミツバチの一種が生息している(Ruttner 1988)。このミツバチはセイヨウミツバチやニホンミツバチの二倍近い体長があ

写真3　オミツバチの営巣木（左70コロニー，右130コロニー営巣）

り、一匹の女王蜂と最多一〇万頭に達する働き蜂からなる巨大なコロニーを単位として生活している（Morse and Laigo 1969）。セイヨウミツバチやニホンミツバチは、木のうろに巣を作り、長ければ数年間定住する。この性質を利用して養蜂も可能となっている。一方、オオミツバチは遊動性で、ある地域に花が多い数カ月間だけ、たくさんのコロニーがやってきて営巣し、終わると巣を捨ててまた飛び去ってしまう。渡ってきたコロニーは樹高七〇メートルに達するような巨木の枝下に営巣し、多いと一〇〇巣以上が一本の木に鈴なりになっている（写真3）。理由はよくわかっていないが、いつも森林の特定の樹種の、特定の個体が営巣する場所として選ばれる（以下「営巣木」とよぶ）。営巣木は数平方キロメートルに一本の密度で選ばれ、ごく近傍に同じ樹種の同じような大きさの木が生えていても、いつも特定の木が営巣木となる。

　セイヨウミツバチやニホンミツバチは木のうろの中に数枚の巣板を平行に作るが、オオミツバチは一つのコロニーが一枚の巣板を営巣木の枝下に作る。その大きさは、小さいものは横二〇センチ、縦一〇センチくらいだが、大きいものは畳一畳分近くになる。巣板自体は白〜黄色なのだが、働き蜂が表面をカーテン状に覆ってしがみついており、遠くからは黒くみえる。巣板は両面が六角形の小部屋で覆われており、蜂蜜を貯蔵する部分、花粉を貯蔵する部分、幼虫（＝蜂の子）を育てる部分に分かれている（写真4）。幼虫を育てる部分は厚さ五センチくらいだが、蜂蜜や花粉を貯蔵する部分は最大二〇センチくらいまで分厚くなることがある。このような場合には一つの巣だけで蜂蜜が一〇キロ以上入っている。オオミツバチは攻撃性の高い蜂で、この巣を刺激すると、働き蜂が集団で何百メートルも追いかけてくる。そんな時には全速で逃げ、川や池のなかに飛びこんでやりすごすしかない。刺されると日本のミツバチよりも痛く、刺された箇所は翌日まで腫れがひかない。

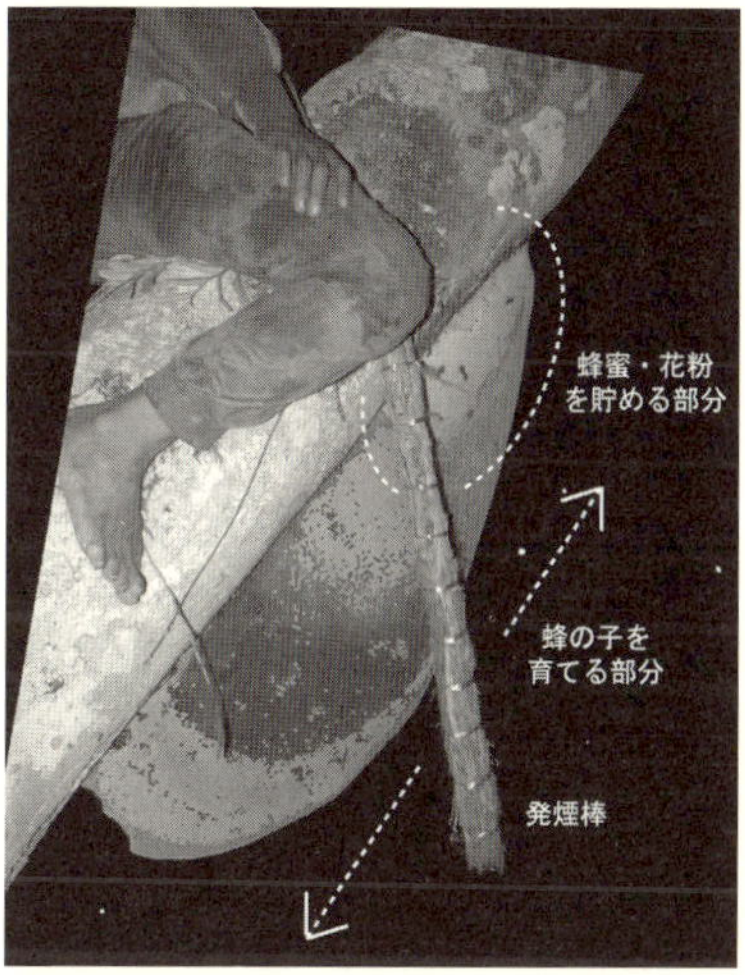

**写真4　オオミツバチの巣**（ハチを払い落とした後）

本稿のもう一人の筆者である鮫島は、二〇〇二年から二〇〇七年にかけて、マレーシアのサラワク州北東部に位置するバラム川流域で、異なったタイプの森林での開花周期の違いや、それに応じたオオミツバチの遊動パターンについて生態学的な調査をすすめてきた。バラム川は利根川の二倍近い流域面積をもつ大河で、一〇を超える民族が暮らしている。調査では源流域から河口部まで五〇以上の村を訪れ、オオミツバチの生息の有無、季節性、採集方法などの聞き取りをおこなった。

多くの村で、営巣木は広く認識され、村の周辺のどこに何本生えているかが把握されていた。古くから営巣木には精霊が宿っていると信じられ、「焼畑をする際にも伐ってはいけない」とか、「刃物を当ててはいけない」などといった禁忌が残っている村も少なくなかった。バラム川中上流域の諸民族の村々ではおおよそ、営巣木は誰のものでもないか、村の共有財産とされていた。しかし下流域に多いイバンの村々では、個々の営巣木にはそれぞれ名前が付けられ、個人の所有となっており、売買や相続の対象となっていることも多かった。

## バラム川下流域でのオオミツバチの蜂蜜採集

イバン人のT氏は、バラム川下流の湿地林地域で蜂蜜採集をおこなっている。彼は、オオミツバチの蜂蜜採集をする人のなかで、筆者がもっとも多くの話を聞き、採集にも何度となく同行した人物である。彼は現在三九歳であるが、もう二〇年近く蜂蜜採集をおこなっている。普段は、栽培した野菜や捕まえた魚やイノシシを近くのマルディ（Marudi）という町の市場で売って生計を立てている。蜂蜜採集は年間一〇～二〇回くらいおこなっている。

蜂蜜採集にはさまざまな道具が必要である。彼がいつも持っていくのは竹で作ったペグ、ペグを入れるための腰袋、ペグを営巣木に打ちこむための木槌、巣からハチを払い落とすための発煙棒、巣板を木の枝から剥がすための木べら、採集した巣板を入れて地面に下ろすための長いロープのついた桶である。このうちペグと発煙棒は毎回作らなければならない。ペグは家の裏山から伐りだした直径一三センチほどの太い竹から製作する。縦に割って、長さ三〇センチ、幅二センチほどに整形し、ナイフで先を鋭く尖らせる。根元側には三〇センチほどの細いロープを結んでおく。発煙棒は、普段から付近の山で採集して乾燥させておいた薬草から作る。薬草は多くて七種類、バンレイシ科の低木の樹皮やクワ科やコショウ科のつるなどで、燃やした時に出る煙がハチの動きを抑える効果がある。十分乾燥させておいたこれらの樹皮やつるを、縦に裂いてよりあわせる。長さ一メートル、直径五センチメートルほどの円筒状にまとめ、紐で何カ所も結んで硬く束ねる。

T氏の住んでいる地域では、オオミツバチは樹高三〇〜六〇メートル、胸高直径五〇〜一二〇センチくらいの樹木を営巣木としていた。オオミツバチの営巣の有無は普段からその周辺を通りがかるたびにチェックしておく。新たにコロニーが営巣を始めてから二〇日ほどで、十分な量の蜂蜜が蓄えられるという（実際はそうでないこともあったが）。蜂蜜採集は新月を挟んだ一〇日間ほどの期間の夜間におこなう。光があると、ハチに見つかって散々刺されてしまうからである。また、樹上での安全のため、雨の日は避けられる。

蜂蜜採集に参加するのは通常、T氏、彼の奥さん、営巣木の所有者家族である。昼のうちに営巣木の下に着くと、まず参加者全員で営巣木の周囲の草や低木を伐り拓く。深夜の作業を滞りなくおこなうためである。このため何度も採集をおこなった木の周辺はちょっとした広場のようになっている。その後、木を登る準備にかかる。木槌を使ってペグを営巣木の幹に垂直に打ちこむ。営巣木となる樹種は硬く、五センチも打ちこめれば上出来である。ペグは縦に一〇〜四〇センチの間隔で打ちこんでいく。次に、周囲の森林から長さ二〜四メートル、直径三〜四センチほどのまっすぐに伸びた木を伐り出し、枝葉を払って幹だけにする。これを営巣木と平行に立て、ペグの根元に紐で固定し、柱とする。こうすると柱とペグで一本ばしご状になる。このはしごに登りながらさらに上へ上へとペグを打ち込み、柱を固定していく（図2-①）。柱は次々と継ぎ足し、地上から二〇～四〇メートルはある一番下の枝下近くまで伸ばしておく。日中の作業はここまでである。あとは木の下で休んで夜を待つ。

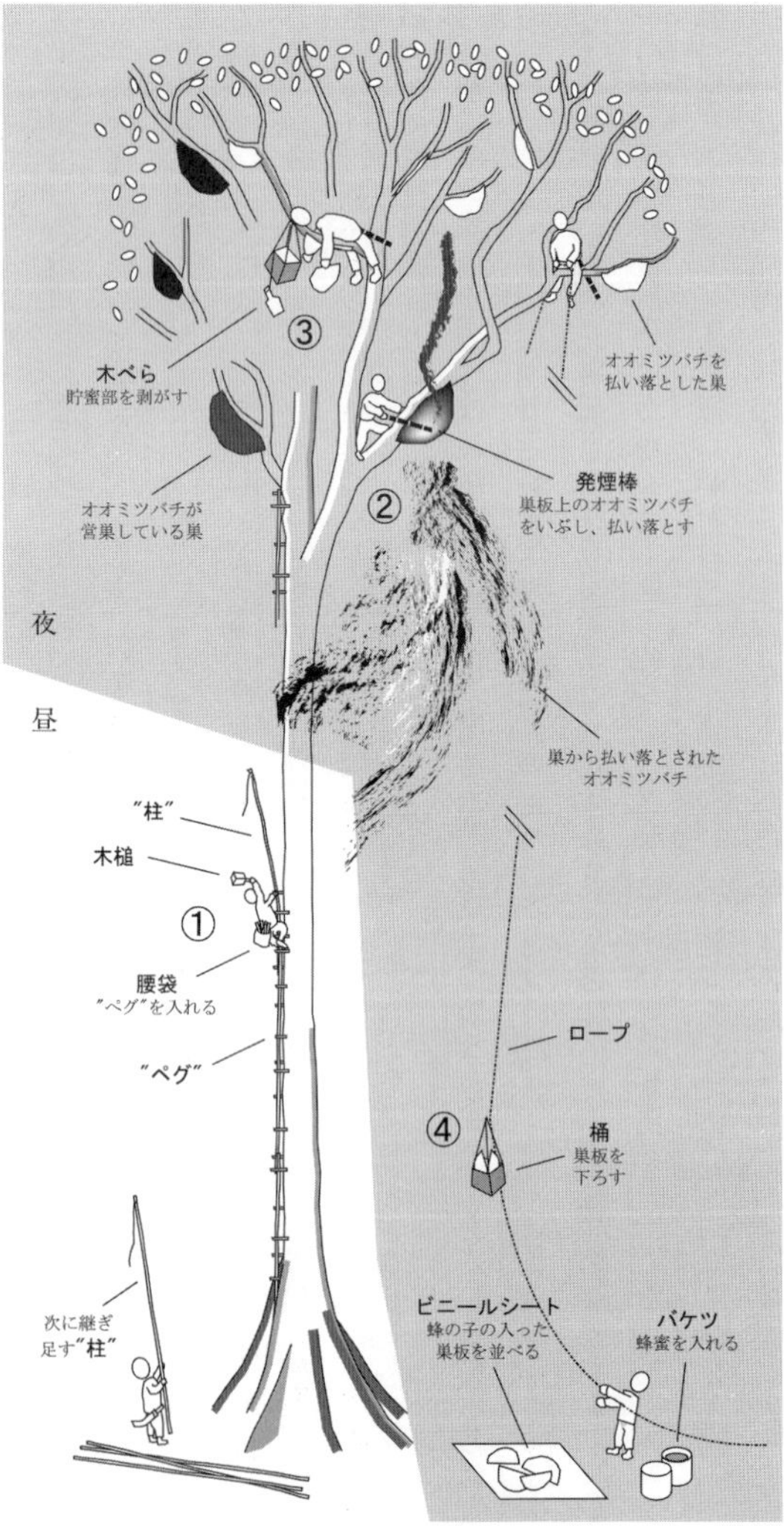


図2　オオミツバチの巣の採集手順

太陽も月も完全に落ち、漆黒の闇になれば本格的な採集作業の開始である。懐中電灯をつけるとハチが集まり、猛烈に攻撃されるので、作業はすべて暗闇のなかでおこなう。まず作りかけのはしごに登って最後の数メートルを延長し、樹冠部まで到達する。いったん地面に下り、まだ火をともさない発煙棒を腰につけ、営巣木に宿る精霊をなだめる歌とともに登り始める。オオミツバチを小魚になぞらえ、「魚たちが枝の下に集まって蜜になっている。プライ（*Alstonia angustiloba*）の花の蜜、ケダンバ（*Anthocephalus cadamba*）の花の蜜……」などといったマレー語の歌である。残りの人たちは木の真下から一〇メートルほど離れたところに座って待っている。下からは何も見えない。ただ暗闇に朗々と祈りの歌が響きわたってくる。祈りの歌は重要だと信じられている。これを知らなければ樹上でハチにたくさん刺されたり、精霊に突き落とされたりするという。

樹上に登ると発煙棒に火をつけ、煙を焚く。巣板から一〇センチほどの近さに発煙棒の先を伸ばして何度も振り、巣板の上で眠るハチを煙に巻く。そして巣板をカーテン状に覆っているハチの一番上の部分を発煙棒の先で払うと、ザッという音とともにハチが塊になって下に落ちていく（図2－②）。ハチのなかには火が移った個体もあり、地上から見ると暗闇のなかから火の粉が広がって落ちてくるようにみえる。巣板に残るハチも発煙棒で払い落とす。地上は瞬くまにハチだらけになる。このハチたちは暗闇の中で飛ぶことができず、翌朝になってから巣のあった場所に戻っていく。ハチを落とした後、巣板をチェックする。蜂蜜や蜂の子はいつもいっぱい入っているわけではない。次の遊動直前の時期など、巣がほとんど空っぽなことさえある。一つの巣が終わったら次の巣へと、枝に残るハチを手で慎重に払いつつ移動し、ハチを払い落とす作業をくり返す。もしどの巣も空であったら、その日の採集は中止となり、数週間後にふたたび試みることとなる。樹上でも命綱などはなく、素手素足で作業する。作業中にうっかりハチに刺されても叩いたりしてはいけない。つぶれたハチの匂いが充満すると他のハチも興奮し、さらに刺されやすくなってしまうという。

十分な数の巣のハチを落としたら、巣板の採集にとりかかる（写真4）。枝を伝って巣板の真上までいき、まず手で蜂の子の入っている部分をちぎり取る（図2-③）。そして、地上からロープで引っ張り上げた桶に入れて地面に下ろす（図2-④）。残った貯蜜部は蜂蜜の塊となっていてとても重い。ふたたび樹上に引き上げた桶をその下にかぶせ、短いロープで枝に固定する。そして木べらを使って貯蜜部を枝から剝がして桶のなかに落とし、これも地上に下ろす。採集したすべての巣板と貯蜜部が地面に下ろされるまで、桶は何度も地上と樹上の間を往復する。地上ではT氏の奥さんが待機していて、蜂の子の入った巣板をビニールシートの上に積み上げ、貯蜜部をバケツや缶の中に移していく。巣の数が多いときには、夜九時頃から始めて深夜三時近くになって終了することもある。一晩では採りきれず二晩かかることもある。最後に地上で蜂の子の入った巣板や蜂蜜を参加者で分配する。木に登って作業した人（T氏）には二、下で待っていた人（T氏の妻と営巣木の所有家族）には一人あたり一の割合である。筆者には樹上で危険な作業をした人には割があわない配分だと思えたが、彼らの昔からの慣習でそう決まっている。

T氏が家に持ち帰った巣板や蜂蜜はマルディの市場や付近の村々で販売される。蜂の子の入った巣板は五センチ角ほどに切り分けて袋につめ、蜂蜜は貯蜜部から手で搾りごみをザルで濾してビンに詰める。翌朝、T氏の奥さんがこれを持ってマルディの市場へ向かうと、市場にたどり着く前から人が寄ってきて蜂蜜や蜂の子を買っていく。町の人たちは、彼の商品は新鮮で、混ぜ物がないことをよく知っているからである。蜂蜜が一〇～二〇リットル、蜂の子の入った巣板が一〇〇袋以上あっても、大抵は数日内に売り切れてしまう。蜂蜜は華人、ムスリム、イバンなど、民族を問わず人気がある。食用としてだけでなく、薬用として買っていく人も多い。咳がやまない時は蜂蜜と生卵を混ぜて飲むとよいとされているし、火傷をしたときには患部に塗ると化膿せず、治りが早いという。調査地域のイバンのあいだではオオミツバチの蜂の子を好きな人が多い。蜂の子の入った巣板をそのまま煮てスープにしたり、蜂の子を巣板から出して油で炒めたりして食べる。日本の地蜂の子から苦味を弱めたような味がする。

また貯蜜部の搾り滓からは蜜蠟を作る。貯蜜部の搾り滓を鉄のなべに入れ、火にかけて溶かす。長さ五〇センチ、内側直径四センチほどの節が片端にしかない竹筒を用意し、溶けた蠟を流し込む。数時間ほど冷ますと、白～黄色をした固まりができるので、竹筒を割って取り出し、五センチメートルほどの長さの輪切りにする。蜜蠟はイバンの伝統的な織物（pua）に模様をつけるための材料としての需要が大きい。この織物は織る前に縦糸に染色をするのだが、縦糸の一部をこの蜜蠟を塗った紐で縛っておくと、その部分だけ染色液がしみこまず染色されない。こうして染色した縦糸で模様を織りだす。オオミツバチの採集をする人は少なくなったが、この織物を織る人は今でも少なからずおり、数十キロ離れた村からも蜜蠟の予約がT氏に入ってくる。

## 蜂蜜採集技術の現在

数十年前までは、オオミツバチの蜂蜜や蜜蠟は営巣木の所有者か村の人間が自分たちで採集し、消費するものだった。このバラム川流域でもいくつもの村で、若い頃は登って採ったという老人に出会った。しかし、営巣木に登っての採集は何人もが命を落としてきた危険な作業であり、過疎と高齢化が進む現在ではおこなえる人が少なくなってしまった。数十の村をめぐった筆者の知る限り、バラム河下流域では現在、T氏一人のみが頻繁に蜂蜜・蜜蠟採集をおこなっている。以前は、家から船外機つきボートで片道三〇分ほどの範囲内の営巣木に登るのがほとんどだったが、現在では、周辺の村々にも名前が知られ、オオミツバチが営巣していると呼ばれて、ボートで二時間近い遠方の村まで採集しにいくことも少なくない。

オオミツバチの営巣木は巨木であり、登れる人がいなくなってしまえば所有者は用材として伐採してしまうことも多い。しかし、T氏が行くことによって、蜂蜜や蜜蠟を得ることができるから所有者は営巣木を守ろうとする。筆者はT氏以外にも、バラム川上流の高地、ブルネイの内陸部、サバの西海岸や中央高原で、オオミツバチの蜂蜜採集をおこなう地元の人を探しだし、オオミツバチに関する話を聞いたり営巣木を教えてもらったりしてきた。これらの採集者がいる村の周辺ではどこでも、営巣木は価値が高いものとして大切に守られていた。生態学的に考えれば、オオミツバチは樹木の繁殖を助けるので、この営巣木の保護は周辺の森林の繁殖や更新にも貢献しているといえる。さらに、オオミツバチは遊動するため、その保護の効果は営巣木周辺だけではなく、遊動域全域におよんでいる可能性がある。

## 四　人が森林を利用する「知識」と「技」をもっているということ

マレーシア、インドネシアの独立とその後の近代化のなかで、ボルネオ現地社会の変容は著しい。狩猟採集生活をおこなってきた人びとの多くは定住し、焼畑農業をおこなってきた人びとの集落では都市へ出ていく若者も多い。しかし、その生活を詳細に知れば、森林からの産物が今でも生活の一部をなしていることがわかる。古くから伝承された森の恵みを得る「知識」と「技」は、昔とは異なったかたちではあるが、意外なほど人びとの生活に寄与しているのである。

例えば、狩猟採集のみに頼る人びとはごくわずかになったが、定住化した人びとも、いざとなれば野生のサゴ澱粉をとって食べてゆけると安心している。オオミツバチの蜂蜜は、採集できる人がかつてのように村ごとにいるわけではなくなったが、T氏のような外部の人に採集を頼ることによって地域住民に享受されつづけている。今回取りあげたサゴ澱粉や蜂蜜だけではない。野生の果物、イノシシ、シカ、サル、鳥、魚、吹矢、槍、ラタンの籠やマット、火ばさみ、竹筒、ボート、櫂、柱、床、壁、天井、板葺き屋根、葉葺き屋根、薬草、ガハル（特定の植物から採れる沈香というお香の原料）など、村々にすみつづける人びとは今でもさまざまな森の恵みを食べ、それから作ったものに囲まれ、それを売って得た現金で都市で生産されたものを買って暮らしているのである。そればかりではない。前述のように、村の若者たちの多くは都市や国外に出て、賃金労働に従事している。しかし、その雇用の多くは不安定で景気に左右されやすく、仕事を失うこともある。そんな時でも森林のある村に帰れば、この「知識」と「技」を使って焼畑や森林産物の採集をおこなうことでとりあえず食べていくことができる（百瀬 二〇〇六）。つまり、現在の森林は社会のセーフティネットとしても機能している。

このように森林は人びとに恩恵を与えているが、逆の視点にたてば「知識」と「技」の存在こそが多様な森林の価値を照らしだしているといえる。もし、サゴ澱粉を洗い出す技術を知る人がいなくなり、オオミツバチの営巣木に登れる人がいなくなり、薬草やガハル（沈香木）を見分ける方法を知る人がいなくなれば、村の周りに残った森林もその価値は認識されなくなり、「遊んでいる土地」でしかなくなるだろう。現代社会においては、住民以外の者も、彼らの周りの森林やその土地にかかわるようになっている。木材会社が伐採道路を張りめぐらし、択伐をくり返したあとは、プランテーション開発会社が皆伐し、オイルパームやアカシア・マンギウムを整然と植えつける。彼らは、土地を遊ばせておくかわりに材木を伐りだしプランテーションに転換するほうが、その土地からより多くの価値を引きだせると考えているのだ。それは、森林のままの状態で、多種の資源からさまざまな価値を引きだす利用の仕方とは異なる。もちろん、住民にとっても現金収入は魅力的であり、彼らが開発に全面的に反対することは少ない。それでも、無制限な開発に歯止めをかけているのは彼らなのである。「知識」と「技」がある限り、森林は彼らにとって生活基盤の一部であり、精神的な拠り所でもある。法律が保障する住民の権利に限界はあるが、村の周りの森林を荒らさないようにと伐採会社やプランテーション開発会社と交渉を続けている。

森林は人びとが他の多様な生物たちとともに生きる場であり、さまざまな恩恵をもたらしてくれる宿主でもある。これまでみてきた「知識」と「技」は、いずれも森林の生態系を著しく損なうことなくさまざまな恩恵を受けるための、人びとの叡智にほかならない。森林を恩恵を認識し利用する「知識」と「技」とは、ボルネオの森林を現代社会のなかでどう利用するかが決定されていくうえで、今後も重要な意義をもちつづけていくことだろう。

注

（1）ボルネオの生態系については以下の文献がくわしい。井上（一九九八）、百瀬（二〇〇三）。

（2）ボルネオの丘陵地域では一般に、尾根部に多いチリメンウロコヤシ属の一種（*Eugeissona utilis*）がよく利用されている（Brosius 1991）。この種はロング・ブラカ村ではナンガと呼ばれ、周囲の山に豊富なのだがあまり利用されない。イノシシと調理しないかぎり澱粉の苦みが気になると村人はいう。一方のジャカは澱粉が甘い。

（3）地元の人の多くは、「オオミツバチの蜂蜜は偽物が多い」といって、知らない人から買うことを避ける。偽物は、砂糖を水に溶かして蜂蜜色になるまで煮つめ、香りづけに蜂蜜を小量混ぜ合わせて作る。上手に作ると本当の蜂蜜と見分けることはかなり難しい。

（4）蜂蜜には殺菌作用があることが知られている。

**謝辞**：本稿の作成にあたり、市川昌広、加川真美、川ノ上帆、鮫島圭代の各氏にコメントをいただいた。ここに謝意を表します。

**参考文献**

井上民二　一九九八『生命の宝庫・熱帯雨林』東京：日本放送出版協会。

百瀬邦泰　二〇〇三　『熱帯雨林を観る』東京：講談社。
――――　二〇〇六　「焼畑は湿潤熱帯における合理的な食糧生産手段」『理戦』八五：一四六―一五五。

Brosius, J. P. 1991. Foraging in Tropical Rain Forests : The Case of the Penan of Sarawak, East Malaysia (Borneo). *Human Ecology* 19 (2) : 123-50.

――――. 1992. The Axiological Presence of Death : Penan Gang Death-Names. Dissertation, University of Michigan.

Headland, T. N. 1987. The Wild Yam Question : How Well Could Independent Hunter-Gatherers Live in a Tropical Rain Forest Ecosystem ? *Human Ecology* 15 (4) : 463-491.

Hildebrand, H. K. 1982. Die Wildbeutergruppen Borneos. Dissertation, Ludwig Maximilians University of Munich.

Morse, R. A., and F. M. Laigo. 1969. *Apis dorsata* in the Philippines. In *Monograph of the Philippine Association of Entomologists*, vol. 1. Laguna, The Philippines : Philippine Association of Entomologist, Inc.

Needham, R. 1972. Penan. In F. M. LeBar (ed.) *Ethnic Groups of Insular Southeast Asia*, vol. 1, pp. 176-180. New Haven : Human Relations Area Files Press.

Puri, R. K. 2005. *Deadly Dances in the Bornean Rainforest : Hunting Knowledge of the Penan Benalui.* Leiden : KITLV Press.

Rousseau, J. 1988. Central Borneo : A Bibliography. *The Sarawak Museum Journal*, Special Monograph 5.

――――. 1990. *Central Borneo : Ethnic Identity and Social Life in a Stratified Society.* Oxford : Clarendon Press.

Ruttner, F. 1988. *Biogeography and Taxonomy of Honeybees.* Berlin : Springer-Verlag.

Sellato, B. 2007. Resourceful Children of the Forest: The Kalimantan Punan Through the Twentieth Century. In P. Sercombe and B. Sellato (eds.) *Beyond the Green Myth: Hunter-Gatherers of Borneo in the Twenty-First Century*, pp. 262-288. Copenhagen: NIAS Press.

Sitorus, S., P. Levang, E. Dounias, D. Mamung, and D. Abot. 2004. *Potret Punan Kalimantan Timur: Sensus Punan 2002-2003.* Bogor: Center for International Forestry Research.

Turner, I. M. 2001. An Overview of the Plant Diversity of South-East Asia. *Asian Journal of Tropical Biology* 4 (1): 1-16.

# 第4章　森とエコ・ポリティクス

いまや南極をのぞく地球上のすべての土地は近代国民国家に覆いつくされている。ジャングルの奥地の、まるで桃源郷のようにみえる人びとの暮らしといえども、国家の支配や政策と切りはなして考えることはできない。しかし、森に暮らす人びとが、国家とどのように向きあっているのかは、現在の政策の中身もさることながら、生業文化のありかたや歴史的経緯によっている部分が大きい。

本章では、二つの対照的な事例を取りあげる。一つは、モンスーン林の広がる大陸部、中国雲南省。従来この一帯に暮らす人びとは、地元の小領主のような者も含め、広義の国家による支配に長らく接してきた。中原からみれば僻遠の地ではあるが、雲南省にも中華帝国の支配の末端が何らかのかたちでおよんでいた。支配体制は、近代国家となって以降、ますます強まることになるが、長い歴史のなかで、地域住民は、「権力」と「国家支配」を巧みにあしらい、自らの暮らしを守る術を身につけてきた。ここでは、今でも、国家と住民のある種の「いたちごっこ」が繰りひろげられている。

一方、熱帯雨林の広がる島嶼部は、香木などを介した外部との接触はあったものの、逆に国家による支配とはなじみのうすい地域だった。そのなかでも、マレーシア・サラワクの奥地に暮らすプナンの人びとは、もっとも奥地で、最近まで狩猟採集生活を送っていた。彼らが、自らの生活世界に「国家」をみるようになったのは、せいぜい、ここ三〇年から四〇年の間のことである。国家は彼らの世界に土足で踏みこんできた。だから、激しく衝突することになったのである。

二つの事例を見比べてみることで、もう一歩先にある、闘うのでもだまし合うのでもない、森に暮らす人びとが本当に国家というプロセスに主体的に参加し、森林基盤に独自の生活や文化を活き活きと保ってゆくために必要なものが何か、おぼろげながら、みえはしないだろうか。

# 森の錬金術と国境

## ——雲南と東南アジア大陸部山地

阿部健一

期待が裏切られることは、さほど悪くない。がっかりはするが、すぐにさまざまな疑問が浮かび、逆に興味や関心が深まることになる。僕の場合、中国の雲南がそうだった。想像していたのとまったく異なる風景に、まずは戸惑い、つぎにいろいろ考えさせられた。景観が絵葉書どおりだったら、意外とつまらないものである。

雲南に最初に行ったのは一九九〇年。まだ中国国内での旅行が制限されていたころである。

雲南は、中国のなかでも、多くの日本人にとってとくに憧れの地であった。日本文化の源流として、照葉樹林文化が提唱され、雲南はその核心域のひとつとされていた。あでやかな民族衣装を着た少数民族の人たちは、モチやナレズシ、納豆を食し、竹細工や漆細工に秀で、自然のなかの草木虫魚に親しみ、山や岩までも神と崇めている。もっとも日本人だけが雲南に関心をよせたのではない。少数民族の人たちの生活する自然自体がきわめて豊かで多様であり、一九世紀から二〇世紀前半にかけて、プラントハンターたちが、争って珍奇な植物を追い求めたところでもある。

写真１　山には木が生えていない（瑞麗近郊）

東南アジアの熱帯林と人のかかわりを研究していた僕には特別な関心もあった。東南アジア大陸部の山地とのつながりである。

それまでにタイの北部の山地の森林には、何度か行ったことがあった。東南アジアの大陸部では、乾季にはすっかり葉を落とす低地の乾燥フタバガキ林・モンスーン林から、標高が高くなるにつれ常緑の林、山地常緑林になってくる。森林のなかに見慣れたシイ・カシの類も多くなり、焼畑などの人手の入ったところでは竹が繁茂し、尾根筋には松も生えている。次第に日本の風景に似てくるが、この森林は雲南まで続いているはずである。

自然だけでなく、雲南の民族も東南アジア大陸部の山地とつながっている。タイの「山の民」のなかには、国境を越えて雲南側に住んでいる民族も多い。リス族やカチン族のほか、タイではアカ族、雲南ではハニ族とよばれる人たちも国境に関係なく住んでいる。東南アジア大陸部の山地を覆う森林とその中で生活する人びとを同質性の高いひとつのまとまりとして想起したとき、その南の端がタイの北部山地であり、北の縁にあたるのが雲南なのである。

しかし実際に訪れた雲南の風景は、タイの山の中で想像していたものとまったく異なっていた。なんといっても、肝心な森林がほとんど残っていない。人口八〇〇万をこえる州都昆明の周辺だけではなく、昆明から西の大理、さらに大理から西南に方向を変え、ビルマ国境の町瑞麗まで行っても、あるいは昆明からそのまま南下してラオス国境の四双版納まで行っても、タイ北部で見た森林につながるような森林には出会わなかった。道中目にはいる山々は、木のまったくない草山か、せいぜいモヤシのようにヒョロヒョロの木が疎らに生えているだけである（写真1）。

正確には、森林がまったくないわけではない。後述するように、人口の少ない標高の高い山地や国境近くには天然林も残っている。さらにその後何度か雲南に通ううちに、東南アジアの山地で見たような森とその森の産物に生活を依存している人びとにも出会うことになる。しかし、そのような地域は面積的に限られるうえアクセスが困難な周縁にある。大部分の地域では、見わたす限り耕地が広り、森林をみることはない。

なぜここまで徹底的に森林がなくなっているのだろう。なぜ、森林が卓越するラオスやビルマ、それにベトナムなどの山地とこれほどまでのコントラストをなすのだろう。

雲南での最初の訪問では、東南アジアの大陸部の森林地域と「つながっている」ことを実感したかった。共通項を確認することを期待していた。しかし、いまや両者の違いが気になるようになった。連続面よりも切断面に興味がわいたのである。

## 一　中国のなかの雲南

写真2　耕して天にいたる。中国の人たちは、森林を次々と耕地にしていった（雲南省北部）

雲南が、生態的には連続し、民族的にも共通している東南アジア大陸部山地とここまで違ってしまった理由は、はっきりしている。雲南が中国だからである。森林が見事なまでになくなっているのが「中国」なのである。「中国」とは何をさすのか。言葉は正確に使わなければならないのを承知で、定義をあいまいにしたまま先を急がせてほしい。

「中国三千年の自然破壊の歴史」といいきったのは中国史の大家マーク・エルヴィンである。この言葉どおり、今日、中国という広大な国家の景観のなかに「手つかず」の自然を見つけることは難しい。中国の景観を圧倒的に占めているのは、人の手によるもの、すなわち耕地とその集約的な土地利用である。国の隅々にいたるまで、巨大な人口を支えるため、ことごとく耕地にされてきた。森林を切り開き、灌漑水路を掘り、田畑に変えてゆく。山地にいたるまで耕地を拡大し、利用できるものは徹底的に利用して土地生産性を高め、食糧の増産を続けてきたのである（写真2）。

この長い「自然破壊の歴史」のなかで、森林は、まず手が加えられ耕地へと改変されつづける対象であった。森林は耕地に蚕食されてゆく。しかも、中国の農業は、森林と共存できるようなシステムではない。ブレイによると中国の農業は穀物栽培中心であり、広大な森を残す余裕のない農業である（ブレイ 二〇〇七）。その結果、一九五〇年代には、中国の森林は国家面積のわずか七・九％となる。これは、たとえばイランと同程度、砂漠の国なみの森林率である。中国文明が、森林にもっとも依存した文明といわれるのは、森林を犠牲として成立した文明ということにほかならない。そして「雲南が中国だから」と説明責任を放棄したように断定をしたのは、雲南の今日の景観も中国文明の影響下につくられた、ということにほかならないからである。

この中国文明の担い手は、「漢民族」とよばれる人びとである。中国で現在五五認められている少数民族ではない。われわれが普通中国人と思っている人びとであり、人口の大多数を占めている。一方少数民族の人たちは、生業や文化が「漢民族」とは本来的に異なっている。森林とのかかわり方も大きく違う。彼らの生活・生業、森とのかかわりは、むしろ東南アジア大陸部の山地の人びとと共通している。

雲南は、少数民族の人口比率が高いところである。しかし今回はあえてそのことに目を向けず、むしろ「雲南は中国である」というときの、「中国」に焦点をあてて雲南をみてみようと思う。東南アジア大陸部山地との切断面を、まずははっきりさせておきたい。

## 二　中国森林史——雲南編

現場感覚というものがある。瞬間に感じとる直感や本質をいきなり見抜く直観といった鋭い刃物のようなものとは違い、もう少し鈍重なものだと思う。ちょっとおかしいのではないか、どうも違っているのでないか、と現場でじんわり感じることである。鋭さはないかわりに、地道な観察や豊富な経験があれば、狙いをあやまたず問題に深く切りこむことができる。僕自身の現場感覚がすぐれているかどうかは別として、雲南省という現場で強く感じたのが政策・制度の存在である。東南アジアと違い、森林にかかわる政策・制度の「存在感」——つまり国家の「存在感」——が大きいのである。

このことには、少し説明が要る。というのは、東南アジア諸国でも、国家の制度や政策は存在しており、人びとは制度・政策と無関係ではないからである。

それでも、中国の森林で国家の存在が大きいと思えるのは、森林にまつわる制度や政策が大きく劇的に変化していることである。しかもこうした大きな制度や政策の変化は、地域住民のあずかりしらぬところで唐突にやってくる。逆説的だが、制度や政策が地域の人びとの生活と乖離しているためかえって国家の存在感がある。人びとの政策や制度に対する対応も、東南アジアとはちょっと違ったものになっている。

ともあれ、まず中国の森林政策や制度の変遷を追っておこう。ただ政策や制度を解説し、それがどう変わってきたのか、編年的に示すのではなくむしろ、新たな制度や政策へ人びとがどのように対応したのかに焦点をあてていきたい。

## 初期の政策――掛け声だけの緑化

今わたしたちの眼前にある風景は、一朝一夕で出来たものではない。長い年月をかけた歴史的産物である。雲南の景観も、歴史をさかのぼらなければ理解できない。ただ三千年も歴史をさかのぼるつもりはない。東南アジアとの分断面を明らかにするのなら、今の国境が定まった中華人民共和国の誕生、一九四七年から出発するのがいいだろう。森林面積が砂漠の国なみになっていたころである。

新生中国政府とて、荒れ果てた森林に無関心だったわけではない。国土保全の点からも植林・緑化は、考慮しなければならない課題である。建国の初期にいくつか緑化政策を実施している。

たとえば「封山育林」。その名のとおり、山を封じて森林を育てることである。山に森林がなくなったのは、人びとが山地で無理な耕作をおこなったり、森林のなかで薪を採集したり、牛などの家畜を放牧したりしてきたことによるところが大きい。こうした活動を禁ずることで、自然に山に森林が戻ってくることを期待したのである。

一方、自然の植生回復に任せるのでなく、積極的に森林回復をしようという政策が「飛播」である。あまりに広い面積で森林がなくなっているので、人手をかけて一本一本植林してゆくのでは埒が明かない。松などの植林樹種の種を、飛行機で一気に散布してゆく方法である。「四旁緑化」は、地域の人びとの手による植林である。ただ広い面積はできない。人びとは重点的に四つの「旁」、具体的には家・集落・道路・河の周縁に植林するように命ぜられた。まず自分の家の周りに、ついで集落の周りを取り囲むように、そして集落に通ずる道に、最後に川の土手に、人びとは木を植えていった。

しかし、こうした国土緑化の政策に大きな効果があったとはいいきれない。たとえば「飛播」によって播種した面積は、県単位で地方の概要を記した県誌の年表などの公式記録に残っている。しかしそれはあくまでも播種した面積であり、森林に回復したかどうか省みられることはない。飛行機から種をまいただけでは活着率は悪く、どの程度植林の効果があったか疑わしい。今でも、「飛播区」あるいは「封山育林」と刻まれた石碑を中国各地でみることができるが、石碑の後ろに森林はなく、依然として草山か森林とはいいがたい疎林が広がっているだけである。

問題だったのは、政策や制度と地域の人びとが乖離していたことである。地域の人びとに、森林は必要だから植林しなければならない、という意識はない。なぜ木を植えなければならないのか、なぜ森林に戻さなければならないのかわからないまま、「山に入るな」といわれれば困惑するだけである。「だったら牛はどこに放せばいいのか」とききたくなるだろう。松の種をまく飛行機は、文字どおり空高く自分たちとはまったく無関係のものにみえていたはずである。

人びとにとって、森林は価値のないものである。正確にいえば使用価値はまだあるだろうが、交換価値は小さいということであろう。中国では森林資源を自由財と考え、経済価値がないとする考えが伝統的であった。政府にとっても、緑化はさほど切迫した課題ではなかったようだ。地方政府は政策に従ってこれだけの面積を植林しました、と中央政府に実績報告をする。報告においては数値だけが重要であり、植林された山が実際にちゃんと森林になったかは問題とされない。なによりも「実施すること」が重要なのである。一方、地域の人びとにとっては、上から押しつけられた制度や政策である。「山に入るな」「家の周りに木を植えよ」といった政府の命令に、理由のわからないまま従っただけであり、大きな効果が期待できるはずがない。

「封山育林」「飛播」「四旁緑化」といった政策は、じつは単なる政治的スローガンにすぎなかった、ということだろう。政府と住民との一体感を高めるために必要とされたものである。政府からみれば、草山を森林にすることに効果がなくてもかまわないし、人びとからみれば、自分たちの生活に大きな支障が生じない範囲で従っていればいいのである。

## 「大躍進」――混乱期

初期の緑化政策は掛け声だけであった。大きな効果はなかったが、一方で森林の消失が加速化されることもなかった。しかし、一九五八年から開始された「大躍進」政策時には、わずか三年ばかりのうちに中国の森林は壊滅的な打撃を受けることになる。

大躍進運動は、毛沢東を中心とした中国共産党の幹部が、経済大国であったイギリスを追い越そうと始めた農工業での増産政策である。現状を無視した無謀な計画であり、さまざまな社会的・経済的・生態的に弊害をもたらした。そのひとつが森林にあたえた打撃である。

とりわけ土法炉とよばれる稚拙な溶鉱炉での「製鉄」が、森林の急速な消失を招いた。鉄鋼の生産でイギリスに追いつくため、土法炉が都市・農村のそこかしこに作られた。素人による原始的な土法炉では、良質な鋼鉄などできるはずもない。しかし、課せられた生産目標量は達成しなければならないと、多くの人びとが製鉄に駆りだされ、昼も夜も働き、粗悪な銑鉄を生産していった。土法炉の数は数百万にのぼり、当時の中国人の六人に一人が土法炉で働いていたという（Shapio 2001）。そして、土法炉の燃料として周辺の森林が次々と伐採されることになったのである。

大躍進のさいに森林が消失したことは多くの人が記憶している。しかし、正確にどれほどの森林が消費されたのか、混乱の時期に、統計はほとんど残っていない。あったとしても推計でしかなく、例えば湖南省と湖北省では、林木蓄積量の三分の一から一〇分の一が失われたらしい（Shapio 2001）。リチャードソンは、一九八五年に林業省が示した数値として、この間の森林面積が、防護林では九九万三〇〇〇ヘクタールから四三万七〇〇〇ヘクタールに、人工林全体では四三五万五〇〇〇ヘクタールから二九一万一〇〇〇ヘクタールに減少したことを紹介している（Richardson 1990）。それぞれ、四四％と六九％の落ち込みである。

土法炉のために、木々が燃料として伐られていたことは、当時をふり返ったノンフィクションに印象的に描かれている。たとえば、『毛沢東の私生活』では、

> 煉鋼炉の林立は田園風景を一変してしまった。いっぱしの農民がたえず狂奔して燃料や原材料を運び、火をかきたてている姿がみとめられた。夜になると、見渡す限り炉が広大な大地に点在し、夜空を赤々と照らし出していた。（李 一九九六：三八八）

あるいは、『ワイルド・スワン』での次のような記述。

政府の推定でも一億近い農民が鉄の生産にかり出された。山林の樹木を伐採して燃料に使ったので、あちこちで茶色の山肌が露出するようになった。（ユン　一九九二：三〇〇―三〇一）

大躍進運動時に一気に森林が消失したのは、土法炉だけのせいでない。公共食堂で燃料として消費された木材の量も、じつはばかにならない。公共食堂は、人民公社のなかに設置された。人民公社の全員が朝昼晩の食事を一緒にとるところである。各家庭で料理をするのなら、燃料は粗朶など身近にあるものですませることができる。しかし、一度に大人数の食事の準備をするためには強い火力を必要とする。一般家庭では使わない大きな木が、燃料として切り倒された。数少ない大躍進時の木材消失を量的に把握できる資料のなかには、土法炉よりも大量の木材が公共食堂に使われたと記録しているものもある（阿部　一九九七）。

それにしても、不合理だと思われる大躍進運動に、人びとが従ったのはなぜだろうかと思う。運動に反対する人や懐疑的な人が厳しく罰せられたことが理由として考えられるが、なんとか貧困を抜けだしたいという人びとの思いが、「どこか、おかしいのでないか」という疑問を封じこめてしまったこともあるだろう。いずれにせよ誰も「裸の王様」だと指摘できないまま、中国の森林は土法炉や公共食堂の燃料として消えていったのである。

## 三定政策——植林大国へむけて

大躍進運動に続いて、一九六五年から文化大革命が起こる。森林に目を向ける余裕もない政治的混乱が続く。荒れはてた中国の山にいぜんとして森の姿をみることはできない。

森林の回復に、ようやく有効な手が打てたのは、一九八一年の「三定政策」以降からであろう。誰のものかわからない森林では、誰も管理しようとはしない。これまで曖昧だった森林の所有権と管理責任を明確にすることにより、植林や森林管理へのインセンティブを導入、植林活動の効率化をはかる政策である。三定事業には、その名前のとおり三つの柱がある。(一)森林の所有者を明確にすること(定山権林権)、(二)林業に請負制を導入すること(定責任山)、そして(三)林地の一部を地域の人びとに分配すること(定自留山)である。

三本柱のなかでも、「定自留山」に着目したい。この政策により、いままで集団で経営されていた林地の一部が農民に分配され、経営が個人にゆだねられることになった。地域住民の森林への意識は自留山の経営に反映されている。

自留山政策の背景には、木材需要の増加がある。一九七六年に文化大革命が終焉し、政治的安定をみた中国では、一九八〇年代にはいって木材需要が著しく伸びた。例えば一九七九年から八五年の間に建設された住宅戸数は、それまでの三〇年間を上まわっているという。また文化大革命中の一九七三年から七六年にかけて、木材需要は年間一億九六〇〇万立方メートルずつ増加したが、一九八二年から八八年にかけての年間増加量は、三億四四〇〇万立方メートルへと増えたという報告がある(Harkness 1998)。その結果、木材価格は高騰し、農民にとって木を植えれば儲かる、ということになった。自留山の設定は、地域の人びととの経済的インセンティブを背景に植林を促進し、増加・多様化する木材需要に迅速に対応することを狙ったものである。

ただ自留山の農民への分配が、すぐさま自発的な植林活動に結びついたわけではない。逆にすでに植えられていた木を伐採してしまう結果にもなった。雲南南西部の、騰沖盆地周辺がそうした事例のひとつである。漢民族が多く住むこの地域では、自留山の分配に、村の管理下にあった植林地があてられた。建材として経済価値の高い南洋杉の成熟林であったが、一九八三年に自留山として分配された直後、農民の手によりことごとく伐採・販売されてしまう。「政府が政策を変更しないうちに、金に換えてしまったほうがいい」というわけである。こうした自留山分配後の伐採騒動は、もともと経済価値の高い植林地だったところでは、普通にみられたようだ。中国の人びとは、政府やその政策に対してそもそも懐疑的なのである。「上に政策あれば下に対策あり」ということである。

伐採騒動が一段落して、ようやく農民の手による植林が始まる。ひきつづき、騰沖盆地の例をあげれば、翌一九八二年から、地方政府の廉価な苗木の支給をうけて、ふたたび南洋杉、さらに、同じく経済価値の高い華山松と雲南松の植林が開始される。松二種は地元で消費され、南洋杉は県外の市場での販売も期待されている。

別の例もあげておこう。弥渡盆地のユーカリ植林の例である（阿部　一九九七）。弥渡盆地は、雲南のほぼ中央に位置している。古くから漢民族が移住した地域であり、盆地を取り囲む山の斜面は、侵食のすすんだ裸地となっている。農民に、このなにもない斜面が自留山として分配されたのは、中央政府の決定から四年経った一九八五年のことである。分配の方法は、きわめておおざっぱであった。

写真3　アルミ製の蒸留器で、ユーカリの葉から精油分を抽出する。枝は燃料として利用

家族数や斜面の緩急は考慮に入れながらも、斜面の底辺を適当に区切り、そこから斜面に鉛直線状に伸ばした区画、つまり斜面を短冊状に区切った地片が、家族単位で与えられた。

分配がいい加減だったのは、裸地である自留山に価値があるとは思えなかったからである。自留山が今後どうなるのか、自分たちに何をもたらすのか地域の人びとにはわからなかった。むしろ分配にともなう義務やその後に課せられるかもしれない税金を懸念し、分配を受けなかった家族もある。ここでも地域の人びとと政府の信頼関係の薄さが現れている。実際に、地方政府から、自留山にはユーカリ（*Eucalyptus globurus*）の植林が義務づけられた。政府から地域住民への政策の押しつけである。そのため、いったん分配を受けても、植林のための労働力の負担が大きく、自留山を返上した農家もある。

地方政府は、二回に分けて、ユーカリの植林を指導している。一回めは、自留山を分割した直後（一九八五～八六年）、一畝あたり二四元を、苗の購入用に無利子で貸しつけた。二回めは、一九八九年から九〇年にかけてで、このときは苗を無料で配布した。当初は、農民が積極的に植林活動をおこなったのではなく、政府の指導と援助を受け、受身的におこなったのである。

今日、斜面のユーカリ林は比較的良好に維持されている。一部の農家は、政府の指導によるいっせい植林以降、必要に応じて補植すらおこなっている。人びとがユーカリの植林に、当初と違い積極的になったのは、ユーカリが金になるとわかったからである。ユーカリの葉からは油がとれる。このユーカリ油の需要が一九九〇年代にはいって急増し、農閑期である冬の間に、盆地のいたるところでユーカリの葉を蒸留する光景がみられるようになった(写真3)。その原料である、ユーカリの葉が高く売れるようになったのである。政府の植栽の目的は、斜面の土壌流出防止であった。しかし農民にとって、これは、ユーカリを植える積極的動機とはならない。現実に金儲けにならない限り、農民は自留山に関心を示さないのである。今日、ユーカリの葉を販売して得る現金収入はきわめて大きい。

中国全体として、三定政策の効果は現れてきている。雲南省では、一九九〇年代の中ごろから木材市場が立ち、自留山からの木材が出まわるようになった。一九九三年には、はじめて中国の森林面積減少に歯止めがかかる。

植林は、「四旁緑化」や「飛播」のころとは異なり、単なる政治的スローガンではなくなった。かつてのように実態とは異なる植林実績が、政府に報告されることもない。植林の経済的利益は、自留山という制度を通じて、地域住民に直接反映されるようになってきている。そのため、人びとの関心は高まり、積極的・主体的に植林をするようになってきた。木を植えることが、地域住民にとって、生活からかけはなれたものではなく、生産活動のひとつとして「実体」となったのである。

森の錬金術

自留山の植林は、今後も増加してゆくことが予想される。中国の経済発展を背景に木材需要はなおいっそう増加してゆき、減少することはしばらくないだろう。量的な需要には植林で応じられる。しかし、多様化した需要には、植林では対応しきれない。植林地が増加する一方で、天然林は急速に減少するようになった。そのひとつの例をあげておこう。

雲南の西の端に怒江という川がある。ビルマを通って最後はアンダーマン海に注ぐサルウィン川の上流にあたり、雲南では、標高差二〇〇〇メートル近い深い峡谷を刻む。その峡谷美と自然の豊かさから世界遺産にも登録された。急な斜面の上部には、リス族のほか、怒族などの少数民族が居住している。

怒江流域は、全面積の約七割が、耕作限界とされる標高二四〇〇メートル以上の高地にある。しかも乏しい耕地の四分の三は二五度以上の急傾斜地にある。一戸当たりの耕地面積は限られるうえ、農業生産性は極端に低い。水田はほとんどなく、トウモロコシやソバが栽培されている。主食は米ではなくトウモロコシである。雲南のなかでも最貧困地域であり、調査した村で、年間一人あたりの収入が三〇〇元をこえる家は一戸もなかった。日本円にして五〇〇〇円ほどである（阿部 二〇〇四）。

この地域では一九九〇年代の半ばから、木材ブロックの切り出しが始まった。標高の高いところに生えていた西南樺や五角楓といった樹木に、高級床材の原料として高値がつくようになったためである。一九九〇年代にはいってからの中国の経済発展は著しく、建築ラッシュは、大都市から地方都市、農村へと拡がってきた。あらたに建設される住居も、かつてのような質実一辺倒の無骨な建物ではなく、内装にもちょっとした贅が凝らされるようになってきた。床材への需要は、こうした流れのひとつである。

人びとは、半日から一日行程の山の奥の森林に行く。森林のなかには、まだ西南樺や五角楓の大木が混じっている。それらを伐採したあと、背負えるほどの大きさの木材ブロックに削り、まず集落まで持ち帰る。そして、週に一度の市に持ってゆき、販売する（写真4）。その後は川沿いの製材所で床材に加工され、上海や広州など雲南省外の大都市にまで出荷されるのである。

写真4　老若男女を問わず、市場の日には、木材ブロックを山から運びおろす

木材ブロックは、樹種により、一本、一七元から二〇元で取引きされる。森の中から川沿いまで運ぶその重労働に比べると、あまりに安すぎると思うが、調査集落のひとつでは、一九九七年で一戸当たり年間平均一七一元、一九九八年には三一九元の現金を木材ブロックの販売で得ている。それまでの一人あたりの平均収入を考えると、いかに貴重な現金収入源であるのかわかるだろう。

集落から遠く離れた森林は、かつては人びとにとってまったく経済価値のないものであった。たしかに森林は、狩猟の場として、あるいは山菜やキノコなどの山の幸を採集できるところとして重要であった。しかし西南樺や五角楓といった森の巨木はなんの価値もなかった。それがある日突然、商品となり売れるようになる。使用価値から交換価値へ転換されたのだが、山の上の人びとにとっては錬金術のような現象である。ただしこの錬金術は一過性で、長続きしない。怒江上流地域でいえば、三年から四年で、原材料となる木が枯渇し、床材ブームは始まったときと同じように突然終焉した。林立していた製材所も軒並み閉鎖された。池に投げ込んだ石の波紋のように、一瞬で現れやがて消えてゆく。資源がなくなればそれで終わりである。しかし、森の錬金術は中国全土に深く根をおろし、いたるところで機会があればその姿をみせるのである。

## 退耕還林——方向転換

多様化する木材需要のまえに、天然林が伐採されてゆく。植林は順調であるが、十分需要を満たしているわけではない。そのようななか、中国の森林史の方向が一八〇度変わる政策が発表される。「退耕還林」である。一九九八年の長江の大洪水という、かつてない自然災害が契機となった。被害の大きさに、中国政府の反応は早かった。被害が甚大だったのは、上流部での天然林の伐採と生態的に脆弱な急斜面での無理な開墾が原因である。前者に対して政府は、ただちに天然林の伐採を禁止した。林業を主産業としていた地域は経済基盤を一気に失い困窮する。中国では珍しく、雲南の一地方政府が、中央政府の政策に異を唱える声明をだしたほどである。

後者に対しては、急傾斜地、具体的には傾斜二五度以上の斜面で開墾された耕地を森林に戻すことが求められた。それが「退耕還林」であり、文字どおり耕地を森林に回復させる政策である。洪水の翌年一九九九年に四川省など一部で実施され、すぐに雲南省など大河の上流域にあたる省に拡大された。退耕還林によって地域の人びとは、生活のための大事な耕地を奪われることになる。これまでの国家の関係を考えると、当然大きな反対運動が予想されたが、政策はスムーズに受け入れられ、二〇一〇年までに森林面積を一割増加させる目標を順調に達成しているという（Xu *et al.* 2004）。

植林が順調なのは、政府が、耕地の補償や植林支援をこれまでになくしっかりおこなっているからかもしれない。農民には、転換した面積に応じて米などの食糧が支給されるし、植林用の苗木の無償配布もある。食糧の補償期間は、経済林で五年、生態林で八年である。植林といっても、杉や松などの木材樹種だけではなく、果樹などの収益性の高い樹木も含まれる。後者による林地を経済林、前者による林地を生態林とよぶ。もっとも「政府のいうことはあてにならない」と、補償期間が終われば耕地に戻すつもりの人もいるのは、いつものことである。しかしそれでも、退耕還林が人びとに受け入れられているのには、経済林という名前が象徴しているように、用材樹種であれ果樹であれ、穀物の代わりに木を植えても金になるという時代的背景がある。

中国の急激な経済成長は、地域社会のさまざまな面で変化をもたらしている。食糧の自給も、かつてのように国家の最優先課題ではなくなった。経済力を背景に必要なものは輸入することができる。農民の意識も、穀物栽培一辺倒ではない。農業は多様化し、農業外の収入を得る機会も増えた。急斜面という限界地で生産性の低い農業を続けるより、木を植え、別の仕事につくほうがいい場合もある。森林にかつてない交換価値が生まれているのである。森の錬金術はすっぽりと中国全土を覆っている。

一方、政府と地域の人びととの「距離」は大きいままである。退耕還林政策で、政府は斜面での表土流失を抑えることを狙っている。しかし、政策の実効性をあげるためには、地域住民の協力が不可欠であるにもかかわらず、事前の説明が不十分であり、ときには一方的に政策を押しつけることになっている。多くの人は依然として何のための政策なのか理解しておらず、経済的に有利だと判断して政策を受け入れているにすぎないのである。

植林にエコロジカル・サービス、つまり環境保全機能を期待する政府と経済効果を期待する地域の人びと。思惑は異なっているが、退耕還林政策において、両者の利害は一致する。その結果、退耕還林は、はからずも森林史に大きな転換をもたらすことになったのである。中国の歴史は、ひたすら森林を耕地に転換してゆく歴史であった。その長い歴史のなかではじめてベクトルは逆方向になり、耕地を森林に戻すという政策が実行されることになったのである。

## 三　ふたたび東南アジアの熱帯林に

長江で大洪水のあった年、雲南の西端の高黎貢山中のビルマ国境に行った。標高三〇〇〇メートルの峠を越えて、サルオガセの垂れ下がる雲霧林を抜け、ビルマ側に少し下ったところに小さな新しい町がある。急拵えの掘立て小屋が立ち並び雑然としたなかに妙な活気があった。昼間から男たちがうろうろしている。

この町から中国の伐採業者が、ビルマ領内にむけて道路建設をしている。ビルマの開発支援という名目であるが、道路建設の費用は、木材という現物で支払われているという（Kahrl *et al.* 2004）。しかも、森林地帯を抜ける道は、まだビルマのどの都市にも通じておらず、ビルマの人びとは道路を開発に活用できない。この道を利用するには中国側から入るしかない。つまりビルマの木材を伐採して中国に搬入するための伐採道路なのである。

写真５　国境警備のカチン族の兵士。カチン族は中国側では景頗（ジンポー）族とよばれている

国境警備員にパスポートを預けて、国境まで行く。カチン族の、少年のような兵隊が銃をかまえている。断られるのを覚悟で、カメラを指差すと恥ずかしそうに笑ってうなずいた（写真５）。調子にのって「ちょっと先まで行きたいのだが」と身ぶりで尋ねたが、さすがに首を横に振った。彼らの背後のビルマのカチン州は、見わたす限りの森林である。谷間に小さな集落がひとつ見え、食事の支度をしているのかどの家からも白い煙がまっすぐ立ちのぼっている。急に曲がって先が見えなくなる道からは、丸太を積んだトラックが、歩くようなスピードでエンジンのうなりを響かせ次々と登ってくる。丸太のなかには床材の減量の西南樺や五角楓も混じっている。

雲南と東南アジアの森は、つながっている、にもかかわらず国境で分断されている。あたりまえのことを再確認したうえで、最後に、中国・雲南と東南アジアの熱帯林のかかわりにふれておこうと思う。

木材需要の急増を背景に、中国森林史で、森林がはじめて経済価値をもち資源となった。植林をすれば儲かる。その結果、三定政策や退耕還林という森林化の政策が、人びとに受け入れられる。いまや中国は世界一の植林国であり、二〇三〇年には中国は木材の自給を達成するといわれている。しかし、それまでの二〇年あまりの間、拡大しつづける中国の木材需要を誰がまかなうのだろうか。

国内での木材生産がまだ十分でない今日、資源は国外に求めるしかない。中国は世界最大の木材・木材製品の輸入国ともなった。一九九八年の段階で、中国は世界第三位の合板の輸入国であり、世界第五位の丸太輸入国であった。その後、一九九七年から二〇〇五年にかけて、中国の木材資源の輸入量は三倍に急増、丸太換算で四〇〇〇万立方メートルから一億三四〇〇立方メートルになっている。その四分の三が、アジア太平洋地域からの輸入であり、疑いなくその大部分は東南アジアの熱帯林からである（White *et al.* 2006）。東南アジアの森林資源を、ブラックホールのように吸収しつづけているのが中国なのである。

いまや東南アジアの熱帯林のいたるところで、中国の、より正確には中国市場の存在が、影のようにちらほらする。ビルマの奥地のカチン州では、ビルマ政府よりも中国の存在のほうが顕著であった。インドネシアの熱帯林を不法伐採した大部分が中国に流れているという報告もある（Kahrl *et al.* 2004）。すでに中国の木材需要を期待しての植林も始まった。中国と東南アジアの森林は市場を通じて強く結びつくようになっている。

歴史をふり返れば、東南アジアの森から、香木、染料、薬、獣皮など、非木材森林資源と総称されるさまざまな森林産物が中国市場にもたらされてきた。しかし、今の中国市場の膨張は、東南アジアの森林そのものを変質させ、景観をも大きく変えつつある。ラオス北部で森林がゴム園に転換されているのもそのひとつであろう（本書第6章：長谷）。東南アジアの森林は、国境を越えてどんどん「中国化」されている。東南アジアの大陸部の森林政策をあつかう本稿で、中国の森林の歴史とその背景にあるものをまず明らかにしようとしたのは、「中国化」が、東南アジアの森林に与える影響がきわめて大きいからにほかならない。各国の森林政策は中国の動向を無視できなくなっている。中国の森の錬金術は、今日かつてないほど厚く広く東南アジアの森林を覆いつつあるのである。

## 参考文献


阿部健一　一九九七「雲南の森林史（Ⅱ）中標高盆地の森林破壊とユーカリ植林」『東南アジア研究』三五(三)：四四五―四六四。

――――　二〇〇四「谷底から見上げた雲南の山」、梅棹忠夫、山本紀夫編『山の世界――自然・文化・暮らし』二九九―三〇八頁、東京：岩波書店。

ブレイ、フランチェスカ　二〇〇七『中国農業史』古川久雄訳・解説、京都：京大学術出版会。

ユン・チアン　一九九三『ワイルド・スワン』土屋京子訳、東京：講談社。

李　志綏　一九九六『毛沢東の私生活』新庄哲夫訳、東京：文藝春秋社。

Kahrl, F., H. Weyerhaeuser, and Su Yufaug. 2004. *Navigating the Border: An Analysis of the Chine-Myanmar*

*Timber Trade.* Washington DC : Forest Trends.

Richardson, S. D. 1990. *Forests and Forestry in China : Changing Patterns of Resource Development.* Washington DC : Island Press.

Shapiro, J. 2001. *Mao's War Against Nature: Politics and the Environment in Revolutionary China.* Cambridge : Cambridge University Press.

White, A., X. Sun, K. Canby, J. Xu, C. Barr, E. Katsigris, G. Bull, C. Cossalter and S. Nilsson. 2006. *China and Global Forest Products : Transforming Trade to Benefit Forests and Livlihoods.* Washington DC : Forest Trends.

Xu, Z., M. T. Bennett, R. Tao, and J. Xu. 2004. China's Sloping Land Conversion Program Four Years on : Current Situation and Pending Issues. *International Forestry Review* 6 (3-4) : 317-326.

# バリケード・裁判・森林認証
## ――サラワクの原生林に刻みこまれたポリティクス

藤田　渡

### 一　ポリティクスの光景

マレーシア・サラワク州北部、バラム川上流にいまだ残る原生林のなかに暮らすプナン人の村、ロン・ブナリを訪れた帰り道のこと。村を留守にしていた村人たちが、今まさに道路を封鎖するためのバリケードを作っているところだった。そこは、少し前にバリケードが解除された場所で、往路は幸いにも、予想よりも奥まで車で入ることができたのだった。

私たち一行は、サラワク林業公社（Sarawak Forestry Corporation）に勤務する人類学者のヘンリー・チャン、インドネシア科学院のヘリー・ヨガスワラと私の三人。ヘンリーは、リーダー格の村人とは知り合いで、道ばたに座り込んでいろいろと話しこんでいる。私は作られてゆくバリケードを眺めたり写真を撮ったりしながら、ところどころわかる範囲のマレー語をヨコ耳で聞いていた。

「今あらためてバリケードを作るのは、この森が私たちの土地であり、私たちがそれに対する権利をもっていることを忘れがちな人びとに思い出させるためだ。私たちは先祖代々、ここに暮らし、この森で生きてきた。私たちはここで暮らせなくなっても他の土地に行くことはできない。どこに行っても、その土地の持ち主がすでにいるからだ。」

彼は、会話のなかで何度もこのフレーズをくり返した。マレー語はほとんどわからない私にも、それははっきりわかった。

「外からの人が入ってくるのを拒むわけではない。でも車ではだめだ。歩いてなら、誰でも入ってきていい。〔ヘンリーが〕もし、村に来て話をしたいというなら、前もって手紙で知らせてくれ。そうすれば何も問題はない。」

約一時間ほどだった。それでは、と握手をして車に乗りこもうとしたとき、伐採会社の現場監督官の車がやってきた。ヘンリーが事を荒立てないように説得するのを待ってわれわれはミリの町に出発した。

その地域一帯は、通常よりも生態系へのインパクトが少ない方法で伐採がおこなわれており、かつ、地元のコミュニティとの関係にも問題がないということで、マレーシア木材認証協議会（Malaysian Timber Certificate Council：MTCC）から、持続的な木材生産地という認証を受けていた。バリケードを作っていた村人たちは、しかし、それでも一貫してあらゆる種類の伐採を拒否してきた。伐採会社もあえて強硬な手段はとらず、その村の領域内では一切、伐採をおこなっていなかった。村人と伐採会社との交渉で、伐採は行わないが、とりあえず道路だけつくるということで合意していたのである。先にバリケードが撤去されたのもその流れのなかでのことだった。それだけに、なぜ今？とも思えるこの新たなバリケードだった。

思いあたる節がひとつあった。ちょうど翌日に、バラム川を下ったこの地方の中心都市であるミリで、マレーシア人権委員会（Suruhanjaya Hak Asasi Manusia Malaysia：SUHAKAM）による聴聞会が開かれることになっていた。SUHAKAMはマレーシアの憲法上の規定によって設置された公的な機関で、この地域の森林をめぐる争いについて関係者から意見聴取をするための代表団を送ってきたのだ。「バリケードによって、私たちがこの森に対して権利をもっていることを示す」のは、ずっと交渉を続けてきた伐採会社に対してではなく、もっと広い外部世界の人びと、とくにSUHAKAMに対するアピールではないかと思われた。翌日、私たちもSUHAKAMの聴聞会を傍聴することを許された。プナン人の代表が、彼らをサポートするNGOとともに招かれていた。「自分たちが先祖から慣習的な森林を浸食するように伐採許可が出された。」「伐採は自分たちの生活を脅かす。」「伐採会社は自分たちの抗議に対し、問題を解決しようという態度をみせなかったため、バリケードを作るしかなかった。」村人の代表は、そう言って、彼らの慣習的な権利の保護について何らかの保証が与えられるまでバリケードを続けるとSUHAKAMに訴えた（Malaysiakini 2007 Mar. 16；Penans Statement 2007 Mar. 14）。

彼らが作っていたバリケードは、物理的に道路を封鎖するのではなく、政治的にSUHAKAMを動かすことで伐採を止めようとしたものだった。その姿勢はバリケード自体にも現れていた。木材を組み上げたバリケードは、見た目にもスマートというか荒々しさを感じないうまい工作のようだ（写真1）。写真1の状態から、柱のあいだに板を渡せば完成である。高速道路の料金所のような作りとなる。一九八〇年代末から九〇年代にかけて、プナン人が本気で道路を封鎖し、物理的に伐採を止めようとしたときのバリケードは、これとは違い、まず道路全体を封鎖する太い丸太をどんと置き、そこに小屋を築いて多くの人がすんで「人垣」となり、監視の村人のなかには吹矢や槍を携える者もいた。先にあげた、ヘンリーと話しこんでいた村人のリーダーの言葉づかいや話しぶりも、普通の村人

写真1　バリケードを作っているプナンの人びと

写真2　原生林に囲まれたロン・ブナリの集落

のように具体的なエピソードを中心に話を進めるのではなく、抽象的に整理された、ややもすれば紋切り型の口調だった。これまでの運動のなかで、支援するNGOなどとかかわりながら身につけていったのだろうと思われた。

紋切り型の権利の主張と、その象徴としてのバリケード、これらが端的に表しているのは、この山の奥の原生林に深く刻みこまれたポリティクスである。それを抜きにはあらゆる物事が理解できないような、抜き差しならない政治である。どのようにして、原生林がこのような政治化した空間になっていったのか。それがどう展開してきているのか（写真2）。サラワク社会の縮図をそこに見いだし、そして、どのような将来展望が描けるのか、考えてみよう。

## 二 ポリティクスの始まり——プナン人によるバリケード封鎖の経緯

マレーシアのなかのひとつの州であるにもかかわらず、サラワクは森林や土地に関しては、マレーシア連邦政府の政策や法律に縛られずに、独自の法律を作り、政策を実行することが認められている。サラワク州の森林管理の制度がどのようなものか、その大枠をみてみよう。

サラワクでは、近代的土地所有権が設定された私有地以外の土地は州有地となる。この州有地のうち、森林であって、かつ「先住慣習地（Native Customary Rights Land）」でなければ、森林法などの法令に従い州政府が管理する。先住慣習地とは、近代的土地所有権は設定されていないが、先住民が慣習的に利用してきた土地である。一九五八年の州土地法によって、一九五八年以前に利用された履歴があれば、その土地に対し「先住慣習権（Native Customary Rights）」が認められる。この先住慣習権が認められる範囲については争いがあるが、それについては後で述べる。

州政府が管理する森林は、林業のほか、プランテーションに転換されたり、逆に国立公園などに指定されて保護されたりもする。恒久的に林業に使っていこうという森林は、「永久林（Permanent Forest Estate）」に指定される。ここでは、長期間の伐採許可が付与され、天然更新を計算したうえで持続的に木材生産ができるような操業計画をつくることになっている。現在、サラワク州全土の約四二％がこのような永久林に指定されている（Sarawak Forest Department 2000）。もっとも、「持続的」であるはずの操業計画がきちんと守られているのかどうかは疑わしく、あるサラワク林業公社のスタッフは、公表されていないが操業計画以上の木材を伐採していたケースがあることをこっそり教えてくれた。ちなみに、永久林であるから自然の森林が残されるとは限らない。アカシア・マンギウムなどの造林地にすることは認められており、いちおう、なんらかの森林であることが保障されるにすぎない。永久林以外の州有林の場合、森林の持続性は一切、保障されない。将来的に永久林や国立公園などの保護区に指定されることもありうるが、逆に短期間で伐採しつくされ、最終的にオイルパームなどのプランテーションのように、森林以外の用途に転換されるケースも多い。

永久林、それ以外の州有林ともに、木材の伐採が可能なところには伐採許可が与えられる。伐採権の所有者は明らかにされていないが、州首相など有力政治家の関係者だといわれている（金沢 二〇〇五：二八六）。伐採会社は彼らのもつ伐採許可を借りて操業しており、政治的にも経済的にも政治家の大きな支援者となっている。このように、サラワクの林業は、一握りの人びとが伐採による利益の大きな部分を手にするという構図で展開してきた。低地の湿地林から始まった伐採は、その後、丘陵林にも広がり、奥地へと進んでいった。

バラム川、ラジャン川、リンバン川といったおもな河川の上流部に位置する内陸の山地では、「オラン・ウル」（マレー語で「上流の人」の意）とよばれる人びとが暮らしている。クニャ、カヤンといった焼畑農業を主な生業にしてきた人びとに加え、もともとは狩猟採集民のプナン人も含まれる。彼らが暮らす地域にまで伐採の手が入るようになると、彼らの生活環境が脅かされるようになった。かつては澄んでいた川の水が、伐採地から流れ出た土砂で濁るようになった。生活用水に使えないだけでなく、魚もとれなくなった。森では、ラタンなど生活に必要なさまざまな植物が失われ、イノシシやシカのような野生動物も少なくなった。焼畑農業を営む人びとにとっても伐採による自然環境の破壊は日々の生活に大きな影響を与えるものであるが、狩猟採集民であるプナン人にとっては、いっそう深刻である。死活問題といってよい。伐採が自身の生活を脅かすようになると、彼らはまず、それぞれのコミュニティが慣習的に利用してきた領域の境界に目印をし、その内側では操業しないように伐採会社に申し入れたが、多くの場合、そうした申入れは無視された。住民はさらに、役所に、伐採をやめさせるよう訴えでることもあったが、やはり、聞き入れられなかった。行き詰まった住民たちは、伐採道路にバリケードを築いて封鎖し、物理的に伐採を阻止しようと立ち上がった（IDEAL 1999）。

なかでも、一九八〇年代末からのプナン人によるバリケード封鎖は国際的な注目を集め、著名人による非難声明やヨーロッパによるマレーシア産木材のボイコットにいたる大きなキャンペーンに発展した。政府が実力でバリケードを解除させると、またすぐ近くに新しいバリケードを築く、そんないたちごっこが続いた。プナン人や彼らを支援する地元の人びとも含め、多くの逮捕者がでた。プナン人たちがそのような強硬な手段をとらざるをえなかったのは、彼らの生活が伐採によって脅かされたからなのだが、その背景には、いくつかの社会的要因がある。

ひとつは、彼らの権利がまったく顧慮されなかったことである。すでに述べたように、一九五八年以前に利用した履歴がある土地については、近代的な所有権がなくても、先住慣習権が認められる。ここで「利用」というのは、開墾し、居住や耕作をしたという意味だというのが支配的な解釈である。それ以外の、狩猟採集の場であった森については、いかに昔から利用してきたものであろうと、何の権利も認められない。政府や伐採会社はこの法律の解釈を楯に住民の訴えを基本的にはねつけてきた。伐採会社は、操業をおこなう地域の住民に対して幾ばくかの金銭を与えたり、農業指導やインフラ整備の援助をおこなったりはしている (Samling Plywood n. d.)。しかし、それは、伐採がおこなわれている間だけの一過性のもので、伐採によって失われる生活基盤を補うには到底、およばない。正当な権利をもつものへの補償としてではなく、「好意」でおこなっているという前提だからである。

もうひとつは、そのような事態に対し、サラワク社会のなかでそれを問題視し、解決を模索するような動きが盛りあがらなかったことである。誰もプナン人を支援しなかったというわけではない。いくつかのNGOは、バリケード封鎖で協力したり、国際社会との橋渡しをおこなった。しかし、それらの支援活動はサラワク社会全体からみればごく一部であり、世論を喚起し、より広範な社会全体の議論や運動に発展することはなかった。その原因のひとつに、「民族」による社会の分断がある。マレーシアでは公的なカテゴリーとして民族があり、半島部ではおもにマレー人、華人、インド人に分かれる。サラワクでは、マレー人、華人と、イバン人、ビダユー人、クニャ人、カヤン人、プナン人といった非ムスリム先住民に分かれる。マレーシアでは、ブミプトラ政策という先住民優遇政策がとられているが、これは実質的にはマレー人優遇政策で、教育、福祉、就職などでマレー人が他の民族より優遇されるという特権をもつ。このため、マレー人とほかの民族とが分断され、社会全体を巻きこむ運動に発展しない[1]。半島部と違い、サラワクではマレー人は人口の三〇％程度だが、一九七〇年代、マレー人が政治の中心にあったこともあり、サラワク州政府は連邦政府同様、反政府的な運動に強硬な姿勢をとっていた。このこともサラワクにおいて、プナン人など先住民を支援する社会運動が盛り上がらなかった理由のひとつであろう。

孤立したプナン人たちは実力行使によって自らの生活基盤を守らざるをえなかった。さらに、資金や政治的アピールにおいて、最大の支援者だった海外の活動家を頼るしかなかった。運動はサラワクを飛び越えて、直接、欧米を中心とした国際社会に議論のイニシアチブをゆだねることになり、サラワクは基本的に「受け身」の立場で国際社会の非難にさらされることになったのである。暮らしを守る、というプナン人の素朴な要求は、これを契機に国際的な環境保護運動の中心に据えられ、その象徴としての政治的意味を背負いこむことになったのである[2]。

## 三　法の下でのポリティクス——プナン人による法廷闘争

バリケード封鎖は国際社会への大きなインパクトをもち、サラワク州政府、あるいはマレーシア政府に対する「外圧」としては一定の効果があっただろう。しかし、多くの労力を払い、逮捕者が出るほどの危険を冒したわりには、プナン人の権利が認められたり、生活環境が大幅に改善されるといった具体的な成果は乏しかった。そこで、そうした具体的成果を勝ちとるために、法廷闘争という別の手段が使われるようになった。プナン人だけでなく、他の非ムスリム先住民による、伐採やプランテーション開発から彼らの慣習的な権利を守るための訴訟が増えている。

はじめて、先住民による慣習的権利を守るための訴訟が提起されたのは、一九八九年のことである。サラワク最北部リンバン省の、非ムスリム先住民であるルン・バワン人のコミュニティの先住慣習地をめぐるケースである。そのコミュニティ出身の弁護士、バル・ビエン氏がクアラルンプールより帰郷し、訴訟にあたった。このケースは和解により判決を待たずに解決したが、これを皮切りに先住民コミュニティが先住慣習権の侵害を主張して企業や政府を訴えるケースが増えていった。現在、一〇〇件以上が係争中だという。バル・ビエン氏を含め四人（うち三人は先住民の出身）の弁護士が支援している。事案にかかわらず、サラワクでは裁判は判決までに長い時間がかかる。これまでに第一審の判決にこぎ着けたのは、三件しかない。このうちの一件、二〇〇一年のいわゆる「ルマ・ノル事件」（Suit No. 22–98–99–I）の第一審判決は画期的だった。この事件は、バリケード封鎖で名を馳せたプナン人ではなく、イバン人の先住慣習権をめぐるものだった。しかし、そのなかで示された、耕作の履歴がなくとも、生活に必要な資源を採取するために利用されてきた森林に先住慣習権が認められるという法解釈[3]は、とくに森林への依存が高いプナン人にとって大きな前進だった。しかし、現在のところ、プナン人による訴訟は一件だけだ。

一九九八年、冒頭に登場した、バラム川上流域のバリケード封鎖箇所と同じ地域のいくつかのプナン人コミュニティ（ロン・ブナリは含まれていない）が、サラワク州政府と伐採会社を訴えた（Suit No. 22-46-98）。まだ、「ルマ・ノル事件」の第一審判決は出ていなかったが、同じく、バル・ビエン氏が弁護を担当し、耕作や居住のために開墾した履歴がない森林についても、狩猟採集など生活に必要な物資を得る場として、一九五八年以前から慣習的に利用してきたことを根拠に、先住慣習権を主張した。以下、バル・ビエン氏の事務所で閲覧させてもらった訴訟資料とバル氏へのインタビューをもとに、訴訟の経緯を整理してみよう。

## 原告の主張

一九九八年四月一五日にミリの高等裁判所（High Court：日本での地方裁判所のようなもの）が訴状を受理し、公判が始まった。原告は四名のプナン人で、ロン・クロン、ロン・スピゲン、ロン・サイット、ロン・アジェンの四つのコミュニティの代理である。被告は、サラワク州政府とこの地域で伐採をおこなっているサムリン・グループの二社である。原告は、食物、薬、そのほか生活に必要なさまざまな物資を得てきた森林や、米や果樹などを栽培してきた土地を地図上に示し、そこに先住慣習権があると主張した（図1）。また、その土地や森林は、単に生活のための資源だけでなく、人生そのものであり、社会的、文化的、精神的に先住民の暮らしの根幹となっていること訴えた。このような先住慣習地が、伐採によってダメージを受け、土壌流出や河川の汚濁により生活用水や魚が失われたことについて原告は政府に、問合わせ、苦情申立て、抗議などをおこなってきたが、なんの回答もな

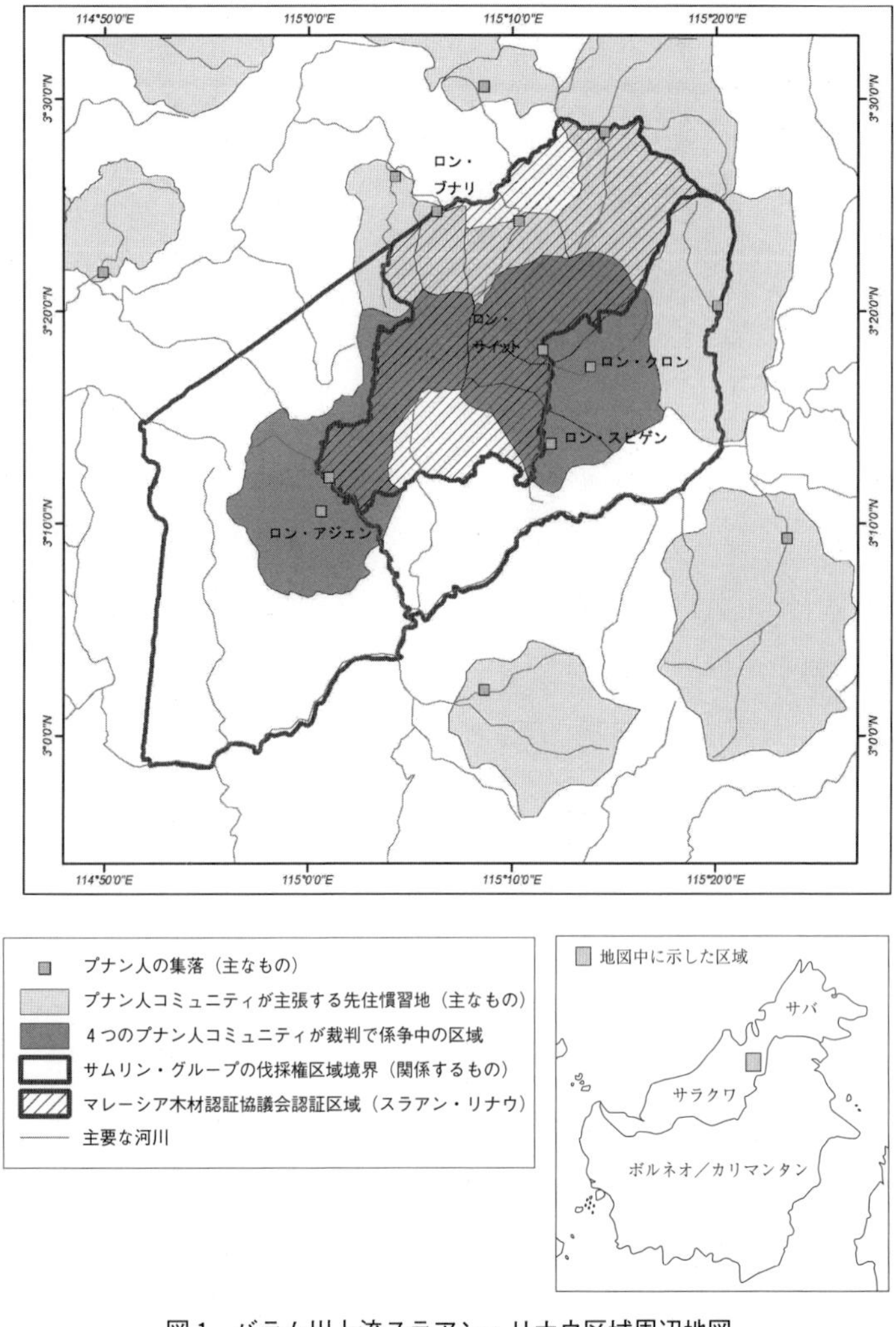


図1　バラム川上流スラアン・リナウ区域周辺地図
（ブルーノ・マンサー財団作成のものを筆者が一部，修正）

かった。

法律論としては、(1)連邦憲法第八条の法の下の平等に反する、つまり政府による同地域での伐採権発行は不公正で、先住民の財産のみ侵害しうるような基準によっていること、(2)同第一三条が定める適切な補償が支払われていないこと、(3)同第五条が定める生存権の不可侵の規定に反すること、(4)州森林法第一二六条(伐採権付与に関する規定)は、先住慣習権の存在する土地に対して伐採権を発行することを許していないこと、の四点を主張している。原告は、上記の法規違反、先住慣習権の存在と伐採権が無効なことの確認と、これまでの伐採による損害に対する賠償を政府と操業をおこなった会社に請求している。

### 被告の反論

これに対して、まず政府は以下のように反論した(一九九八年一〇月一五日)。原告の示した地図は裁判での証拠になりえない。原告の主張する先住慣習権は、サラワク州土地法上、認められない(一九五八年までに耕作や居住のために開墾した証拠がないという従来の解釈に従った)。また、該当する区域は森林法第一二六条に従い、一九九七年九月に保護林に指定されている。同法の規定により、指定公示から六〇日以内に何らかの権利の主張がない場合、その権利は消滅する。実際、当時、二七四件の主張を受けつけたが、原告は含まれていない。よって原告が今になって何らかの権利を主張することはできない。伐採権発行が法の下の平等に反することはない。このように、原告の主張を一つずつ否定した。

伐採会社は以下のように反論した（一九九八年一一月一二日）。原告が先住民でありプナン・コミュニティの代理であることの証拠がない。先住慣習権も政府と同様の理由で存在しない。プナン人は遊動生活を送っていた人びとであり土地を占有したことはない。プナン人にとって森林は生活の根幹だというが、一九八〇年代、伐採が入ったにもかかわらず生き延びてきた。伐採権が発行された地域では持続的な伐採がおこなわれてきている。原告が賠償を求めている損害について確固たる証拠がない。一九八四年以来、会社は、原告たちによる嫌がらせ、脅迫、盗難、妨害、放火にあってきた。このように、原告の主張を否定し、逆に、原告による妨害行為に対し、損害賠償一一八万七七四二・八五リンギット（約四千万円）を請求した。

その後、原告側が、一九九五年以来、伐採に対し反対してきたことや、「六〇日」の規定は知らなかったとし、権利の主張ができないという政府の主張に再反論、会社に対しても、会社が受けた損害は原告によるものではないと反論した（一九九八年一〇月二九日）。

資料では、ここからしばらく時間が飛ぶ。担当弁護士バル・ビエン氏は、裁判所の副記録係（Deputy Registrar）が、二〇〇三年四月七日の近隣コミュニティ住民四人の申し立てを許可したことへ反対意見を述べている。彼らは原告らのプナン・コミュニティに隣接するクニャ人のコミュニティの代理として、プナン人が訴訟のなかで先住慣習権を主張している区域は同じように彼らも利用してきた森林であり、裁判によりプナン人に先住慣習権を認めることは自分たちの権利の侵害にあたると主張し、被告側として裁判に加わることを求めたのである（二〇〇二年九月一八日、一一月一三日）。

バル氏の反対意見も実らず、二〇〇三年五月二七日に、四人のクニャ人が被告に加わることをミリ高等裁判所が認める。プナン人とクニャ人の先住慣習権にかかわる争いは、高等裁判所ではなく、先住民裁判所（Native Court）の管轄となった。よって、ここでいったん、政府や伐採会社とプナン人との争いに関する審理を中断し、先住民裁判所の判決を待つことになった。原告側は、プナン人とクニャ人は先住慣習地を共有してきたのであり、両者ともに伐採権が発行された地域に入っている。だから、両者間の係争を先住民裁判所で審理するとしても、それはこの（政府・会社とプナン人の）裁判には影響しない。四人のクニャ人をこの裁判の当事者に加えることは、審理の混乱・遅延を招き、公正な裁判を疎外する。このように主張し、あくまで四人が被告に加わることに反対した。しかし、裁判所の決定が覆されることはなかった。二〇〇五年七月二八日に原告は再度、反対意見を提出、それが退けられると同年八月二五日には控訴裁判所（日本での高等裁判所に相当する）に抗告しているが審理はそこで止まっている。

バル氏は、クニャ人が申し立てを行ったのは、政府や伐採会社にそそのかされてのことで、裁判を遅らせるためではないかと疑っている。二〇〇五年七月二八日の審理のなかで、四人のうちの一人が、申し立てにあたり政府や伐採会社の支援があったことを認めている。

## 四　森林認証をめぐるポリティクス

冒頭の、ロン・ブナリの人びとによるバリケード封鎖は二〇〇四年二月に始まった（Rengah Sarawak 2006 Sep. 29）。スラアン・リナウとよばれるこの地域は近年まで伐採がはいらずに残っていた原生林だった。ここが、それまでのやり方と違う、より生態系や地域社会に配慮した伐採の試験的導入の対象になった。サラワク州政府は、国際社会の非難で悪化したイメージを改善しようと、「持続的森林管理」へ政策転換をはかったのである。二〇〇二年に、サラワク州政府のイニシアチブで、マレーシア木材認証協議会による、持続的に生産された木材であることの認証取得を推進することになった。サムリン・グループの操業区域のスラアン・リナウ区域も、その第一陣となる地域に選ばれた。二〇〇二年に定められたマレーシア木材認証協議会の認証基準 Malaysia Criteria and Indicator 2002（MTCC 2002）を満たすべく、生態系へのインパクトが少ない伐採や、地域コミュニティとの協議など、認証取得への準備が始まった。そして二〇〇四年三月、いよいよ認証審査のための調査団が実地調査に訪れた（MTCC 2004）。バリケード封鎖はまさにこの直前に始められたのである。

それまでに、認証区域内のコミュニティとは連絡委員会（Liaison Committee）を設け、協議を続けてきた。会社側からの援助の条件をのんで伐採に同意したコミュニティもあるが、なかには、じつは伐採会社で働く村人がいやいや村代表に仕立てあげられ、本当の村人の意見が反映されないまま強引に同意させられたというケースもあったという(4)。しかし、ロン・ブナリの人びとは一貫して、いかなる伐採も拒否しつづけた。その間、伐採道路の建設も含め、会社側はロン・ブナリの人びとが権利を主張する区域には一切、手をつけなかった。にもかかわらず、二〇〇四年二月というタイミングでバリケード封鎖を始めたというのは、単に象徴としてSUHAKAMなど外部へのアピールするだけでなく、認証を妨害する政治的企てとみるのが自然だろう。二〇〇四年一〇月一八日、辛うじて認証は取得できたものの、バリケード封鎖という違法行為が残存していることが法令遵守の観点から問題となり、「非主要改善要求」として、サムリン・グループが住民との紛争を解決することが盛りこまれた（MTCC 2004）。二〇〇七年三月の二回めの検査までに話し合いは進展せず、またしても直前にバリケード封鎖が再開されたので、今度は、「主要改善要求」に格上げされ、サムリン・グループは、これを四カ月以内に解決できなければ認証取り消しという事態に追いこまれた（MTCC 2007）。

しかし、仮に認証取り消しになったとしても、ロン・ブナリの人びとの暮らしに実質的な変化はない。彼らの背後に、国際的なNGOのキャンペーンの陰がちらつく。二〇〇六年、二〇〇七年に、ロン・ブナリの人びとがバリケード封鎖を再開した際、スイスのブルーノ・マンサー財団がいち早くプレス・リリースを出し、サラワク州政府やサムリン・グループを非難した（Rengah Sarawak 2006 Sep. 29; Bruno Manser Fund 2007）。マレーシア木材認証協議会が認証取り消しの「脅し」をサムリン・グループに突きつけたことを歓迎する声明も出している（Rengah Sarawak 2007 Sep. 11）。ロン・ブナリの人びとは、バリケード封鎖によって、伐採会社のイメージ改善を阻止し、国際的な圧力をかけつづけることによって自分たちの権利を勝ちとろうと考えたのではないだろうか。

一方、裁判が膠着状態になったロン・クロン、ロン・スピゲン、ロン・サイット、ロン・アジェンの四つのコミュニティは、二〇〇四年の認証取得段階では、連絡委員会に入っていなかった。彼らが裁判で主張している先住慣習地の一部が認証区域に含まれるが、村落自体は外側にあったためだった。認証区域に隣接するコミュニティも連絡委員会に加えることが「非主要改善要求」に盛り込まれると、二〇〇五年一〇月の認証後一回めの調査までに、交通不便のロン・アジェンを除く三つが加えられた（MTCC 2005）。先に述べたように、伐採会社で働く村人が無理矢理、コミュニティの代表に仕立てあげられ、コミュニティの総意とは違った合意を迫られたというNGO側の情報もある。しかし、仮にそうした強制がなかったとすれば、彼らは、一方で、裁判で先住慣習権を争いながら、他方で、膠着する裁判を尻目に進行する伐採の利害関係者として委員会に参加し、現実的対応として、伐採の進め方や補償内容などに意見を反映させようとしたことになる。実際、以前にも、彼らが伐採会社の「好意」による援助を受け取ったことはあり、村人の総意で現実的対応をした可能性も否定できない。唯一、確かなのは、時間がかかるにせよ、裁判という合法的な手段で自らの権利を勝ちとろうと試みた点で、ロン・ブナリの人びととは基本的な戦略が異なるということである。

ともあれ、マレーシア木材認証協議会の認証制度そのものに反対、という点ではみな一致している。マレーシア国内のNGOは「森林に関するマレーシア全国の先住民団体とNGOネットワーク」(Jaringan Orang Asal-NGO Tentang Isu Hutan : JOANGOHutan) を中心に、二〇〇一年の発足以来、結束して反対を続けている。国際的にも、ブルーノ・マンサー財団はじめ各国の環境保護団体にサラワクの地元NGOも加わり、ヨーロッパ諸国に、マレーシア木材認証協議会を認めないよう促す声明を出している (Press Release 2005 Dec. 1)。スラアン・リナウ周辺のプナン・コミュニティも、バリケード封鎖を続けるロン・ブナリと、法廷闘争を選んだロン・クロン、ロン・スピゲン、ロン・サイット、ロン・アジェンを含んだ連名の反対声明を出している (Rengah Sarawak 2005 May 12)。このように、プナン人の先住慣習権が完全に認められるべきだという原則論では一致している。しかし、その途上でどのような戦略をとるかが違うのである。NGOも同様に、サラワクの地元では、先住民の訴訟のための地図作成や、SUHAKAMのような政府機関と交渉する際の連絡や仲介といった、彼らにとってもプナン人にとっても合法的でリスクの少ない手段について支援をおこなう。しかし、バリケード封鎖のような違法な手段を表だって支持することはなく、スラアン・リナウ区域の認証取り消しの可能性についても、特段のコメントを出していない。原則論は崩さないが、あくまでサラワク社会のなかで地に足のついた方法に徹しているといえる。

## 五　「開発」と「民族」と原生林のポリティクス

これまでみてきたように、山奥の森林と、そこに暮らすプナン人たちは、高度に入り組んだ政治的な関係の中心にいる。もともとは、自分たちの暮らしの基盤である森林を破壊しないでくれ、という素朴な、当たり前の訴えだった。しかし、森林の資源としての価値があまりに大きかったからだろうか、そこに群がる多様な利害関係者たちの手によって、森林は抜き差しならない政治の舞台につくりかえられてしまったのである。

このサラワクの原生林をめぐるポリティクスを読みとく一つの鍵は「民族」である。マレーシアでは、マレー人が政治や行政を、華人が経済を、それぞれ担っている。この構図は基本的にはサラワクにも当てはまる。一九七〇年代、州首相は、現職のアブドゥル・タイブ氏とその叔父が占めていた。やはり、マレー人が政治権力の中枢にあり、サムリン・グループをはじめ伐採会社はほとんどが華人の経営である。非ムスリムの先住民たちは、本来、享受できるはずのブミプトラ政策による恩恵も受けられず、商業伐採やプランテーション開発によって慣習的に維持してきた生活基盤を脅かされつつある。彼らはこのような構図に不満をもち、自分たちの権利伸張のためにさまざまな手段で闘ってきた。「民族」は違っても、非ムスリム先住民のあいだには、抑圧されたもの同士、シンパシーもあった。サラワクで先住民を支援する地元NGOは、先住民自身による権利擁護の運動から生まれてきた。そこでは、イバン人、クニャ人、カヤン人、クラビット人、そのほか、多様な民族集団出身のスタッフが働き（プナン人はほとんどいない）、民族集団の別なく先住民のコミュニティを支援している。逆に、このようなNGOで働く華人やマレー人は皆無に近い。だから、政治エリートであるマレー人と資本家である華人に抑圧された非ムスリム先住民がNGOを作って抵抗しているという図式は、サラワク州内の関係については、大まかには間違いない。ただし州外に目を向ければ、マレーシア国内の他地域のNGOのなかには、先住民ではない人びとが中心的役割を担っている団体も多い。さらに、国際的なネットワークでは、欧米や日本の団体との関係が中心となる。

しかし、このような大きなくくりでの「民族」の枠組みでは理解できない部分もある。マレー人以外の、非ムスリム先住民がすべて不平等な扱い、慣習的な権利の抑圧に対して闘っているわけではない。人口が少なく、教育水準も低いプナン人を別にすれば、各民族集団出身の国会・州会議員、役人、そのほか知識人もいるが、例えば、非ムスリム先住民出身の国会議員が必ずしも先住慣習権の問題に熱心だというわけではない。役所には、森のなかでの伝統的な暮らしから、近代化された農業に転換するほうがよいと考える人もいる。

地域住民同士の関係も一枚岩ではない。三節で述べたように、プナン人が政府と伐採会社に対して先住慣習権を主張した裁判では、クニャ人が割って入ったために審理が止まってしまった。弁護士のバル氏は、クニャ人たちは政府や会社側にそそのかされたと考えている。真偽はともかく、非ムスリム先住民出身のバル氏がそのように考えるような素地があるということだ。また、ロン・ブナリの人びとによるバリケード封鎖に対して、隣接するクラビット人のコミュニティが反対している。彼らは早く道路が開通して便利になることを望んでいるのである。伐採に反対するコミュニティ内部にも、伐採会社で働いている村人が代表に仕立てあげられ、合意が成立したという形式を整えるのに利用されることがある。彼らのなかの誰が悪いということはできない。それぞれの生活を守ってゆくため、向上させていくためにやっていることなのである。

森林が資源として高い経済的価値をもち、それを開発することで大きな利益が得られるようになる。利益の多くは、政治権力を握るマレー人や企業を牛耳る華人のものになるかもしれないが、一部は地元の人びとのところにも来る。これが山奥まで近代化を進め、「便利」な生活を浸透させる原動力になってきた。反面、いわゆる「伝統的」な暮らしは廃れてゆく。こういう「力」に対してどのような態度をとるのか。「便利」な暮らしを望まない人はわずかだろう。しかし、その代償に、森林を中心とした昔からの生活基盤が破壊されることは断固拒否するという態度の人がいれば、条件によってはそれを手放してもよいと考える人もいる。もっと積極的に、古くさいものとは決別して、近代化を推進すべきだという人だっていなくはない。地元の非ムスリム先住民社会内部での利害がぶつかり合うことで、森林をめぐるポリティクスは複雑になる。

「民族」による分断と抑圧、これを背景にした近代化への態度の違いが引き起こす利害対立、この二つが重なった結果が、抜き差しならない政治化なのである。基本的な構図である「民族」による分断のため、社会のなかで公論を引き起こし、さまざまな意見をまとめ上げて問題を解決してゆこうという空間ができない。関係するあらゆる人びとのあらゆる言動は、その人の立場や利害と不可分に政治的な意味をもたざるをえない。単に、自分の、昔ながらの暮らしを続けたいという素朴な意思とそのための地道な活動も、より大きな文脈での開発か環境保護かという根本的な論争に直結してしまうのである。社会のなかにある種の対話の場がなかったサラワク社会の悲劇であろう。ロン・ブナリのバリケード封鎖はその象徴である。

四つのコミュニティによる法廷闘争は、サラワク社会内部のルールに則って、法律によって粛々と問題を解決しようというもので、過度な政治化を避けるひとつの可能性だろう。しかし、これも、法的な権利と権利の衝突という、別の意味で刺々しいものだ。こうしたささくれだった緊張関係から、森と、そこに暮らす人びとを解放することは、もう無理なのだろうか。人びとの権利が守られること、森林が十分な経済的利益を生みだす資源として合理的に利用され、地域の人びとの暮らしも近代化されること。そのどちらが達成されるべきなのかという問題だけではない。人と自然が織りなす素朴で穏やかな空間を再生し、森をめぐるサラワク社会全体が落ち着きを取り戻すことこそが、真の解決ではないだろうか。



注

（1）とくに、ブミプトラ政策による恩恵を受けるマレー人が政治的に保守的な傾向が強いという（鳥居　二〇〇二)。
(2) この具体的な経緯については（Ritchie 1994）。
(3) サラワク州土地法第二章第一〇条が定めた先住慣習権取得の条件のなかの「その他の合法的手段によって」という文言の解釈について、前述の従来のものを変更したのである。
(4) サラワク州マルディにあるNGO「地球の友マレーシア（Sahabat Alam Malaysia）」の支部での聞き取りによる。

### 参考文献

金沢謙太郎　二〇〇五「サラワクの森林伐採と先住民プナンの現在」、池谷和信編『熱帯アジアの森の民――資源利用の環境人類学』京都：人文書院。

鳥居　高　二〇〇二「マレーシアの中間層創出のメカニズム――国家主導による育成」、服部民夫・船津鶴代・鳥居高編『アジア中間層の生成と特質』（IDE-JETRO 研究双書）。

Bruno Manser Fund. 2007. Media Release 'Penan re-erect road block against Samling corporation'. (2007 Mar. 15).

Integrated Development for Eco-friendly and Appropriate Lifestyle (IDEAL). 1999. *Tanah Pengidup Kitai : Our Land Is Our Livelihood.* Sibu : IDEAL.

Malaysian Timber Certification Council (MTCC). 2002. *Malaysian Criteria and Indicators for Forest Management Certification [MC&I 2002].*

———. 2004. *Public Summary of Assessment of Sela'an-Linau FMU for Forest Management Certification.*

———. 2005. *Public Summary of First Surveillance Visit of Sela'an-Linau FMU for Forest Management*

*Certification.*

———. 2007. *Public Summary of Assessment of Sela'an-Linau for Forest Management Certification.*

Malaysiakini. 2007 Mar. 16. 'Penans tell Suhakam : Blockade to continue'. 〈http://www.malaysiakini.com/news/64603〉

Penans Statement to the Human Rights Commission of Malaysia (SUHAKAM) (2007 Mar. 14).

Press Release 2005 Dec. 1. 'NGOs urge European governments and industry not to accept Malaysian Timber Certification Scheme MTCC based on its disregard for indigenous people's rights'.

Rengah Sarawak. 2005 May 12. 'Penan appeal to Minister against MTCC certification'. 〈http://www.rengah.c2o.org/news/article.php?identifer=de0424t)〉

Rengah Sarawak. 2006 Sep. 29. 'Sarawak authorities renew ultimatum on Penan blockade'. 〈http://www.rengah.c2o.org/news/article.php?identifer=de0472t〉

Rengah Sarawak. 2007 Sep. 11. 'MTCC issue ultimatum to Samling on Penan blockade'. 〈http://www.rengah.c2o.org/news/article.php?identifer=de0554t〉

Ritchie, James. 1994. *Bruno Manser : The Inside Story.* Singapore : Summer Times Publishing.

Samling Plywood (BARAMAS) SDN BHD. n. d. *Samling's Contributions to Communities within/Adjacent Certified FMU in Baram Sela'an-Linau.*

Sarawak Forest Department. 2000. *Annual Report 2000.*

# 第5章　開発の波の進行

東南アジア島嶼部を知る人にとっては、ゴムは馴染みの深い商品作物である。一九世紀末に東南アジアに持ちこまれた栽培ゴムは、その後スマトラ島やマレー半島、ボルネオ島などでさかんに植えられ、この一〇〇年来、世界的な需要にこたえてきた。このように、ゴムは東南アジア島嶼部でもっとも成功をおさめたプランテーション作物のひとつであるが、近年では、オイルパームなどの新たな作物への転換が進んでいる。一方、雲南省を中心とする中国南部では、島嶼部に半世紀ほど遅れるかたちで、ゴム・プランテーションの開発が本格化し、近年では、その動きが隣接するラオスなどの東南アジア大陸部へと拡大しつつある。

本章では、中国雲南省を中心に、ゴム栽培の歴史と現在を資料的に検討した後、マレーシア・サラワク州における現地調査をもとに、オイルパームとアカシア・マンギウムの巨大プランテーションに関する現状報告をおこなう。つまり、「ゴムのこれまで」と「ゴム以降」の状況を、それぞれ大陸部と島嶼部でみることになる。

大規模なプランテーションの開発には、大量の労働力を必要とし、域内外からの移民・移住者の入植がみられた一方で、焼畑民が休閑地を利用して小規模に植える場合は、焼畑との有機的なサイクルが実現されることもあったし、より明確な土地権を主張するための「形式的な」植栽もおこなわれた。また、資本力をもつものが小農に委託するかたちでゴム園を拡大していくという過程も各地でみられる。

プランテーションは、土地問題や環境問題を引き起こす一方、インフラストラクチャーの整備の契機となり、地域経済に恩恵をももたらす。国家的なプロジェクトとして政治化された農林業形態として現れることも多く、また、重要な国際的商品を産出するという意味で世界的な社会経済ともつながっている。ミクロとマクロをつなぐトピックのひとつとしてプランテーションをとらえ、本章での議論が何を意味するのか考えながら読んでいただけると面白いと思う。

# 雲南におけるゴム林拡大の歴史

長谷千代子

## 一　課題と資料

　本稿では、中国雲南省においてゴム・プランテーションがどのように拡大し、生態環境にどのような影響をおよぼしてきたのかという問題を取りあげる。

　ゴムに着目する理由はおもに二つある。一つは、ゴムが新中国成立以降、国策として計画的におこなわれた大規模プランテーションの代表的事例の一つだからである。とくに雲南省は中国国内では比較的ゴム栽培に適した気候であったため、集中的な開発がおこなわれた。もう一つは、ゴムが農作物であると同時に、工業原料としての価値ももっていることである。ゴムは単に雲南の外面的な自然環境を変えたのではなく、ゴム製品の浸透や栽培・加工技術の普及などをとおして、さまざまな側面から人間の生活様式そのものを変えたのである。その意味でゴム・プランテーション拡大の経過を明らかにすることは、中国における開発が人間の生態環境および生活様式をいかに変えたかという問題に取り組むことでもある。

すでに西双版納《シーサンパンナ》のゴム・プランテーションについては、尹紹亭・深尾（二〇〇三）、深尾（二〇〇四）、白坂（二〇〇四）らの先行研究がある。西双版納は重要地域なので無視することはできないが、重複を避けるため、本研究は西双版納以外の地域にも目を向けて補足しつつ、雲南省全体の動向を描きだす。

本研究の方法は、文献資料調査にもとづく。おもに利用したのは、『雲南省誌』と「雲南県誌データベース」である。『雲南省誌』は新中国建国以来の地方史を編纂するという中国共産党の意向によって作成された、全百巻以上に及ぶ大部の資料集である。そのうち第三九巻が「農墾誌」であり、雲南省における農業開墾の歴史が包括的にまとめられている。

もう一方の「雲南県誌データベース」は、総合地球環境学研究所の研究プロジェクト「東南アジアモンスーン地域の生態史　一九四五―二〇〇五」（代表：秋道智彌）の研究活動の一環として製作されたデータベースである。これは、一九八〇年代より各県で編纂されはじめた県誌のうち、雲南省全県の三分の二にあたる九〇県について、各県誌の年表部分を翻訳し、キーワード検索の可能なデータベースとして整理したものである。省よりも下位の行政区レベルで編纂されたため、人びとの生活により密着した情報をひろい上げることができ、『雲南省誌』の包括的な記述を補完する情報が得られると期待される。

本稿ではおもにこの二つの資料に依拠しながらゴム林拡大の歴史を再構成するが、これらの資料が出版された一九八〇年代半ばから後半以降の変化については、このようにまとまったデータは出版されていない。しかし一九八〇年代後半から現在にかけては、中国が改革開放政策を徹底させ、WTOへの加盟も果たして本格的にグローバルな経済機構に参入した重要な時期である。したがって、一九八〇年代後半以降については、適宜その他の資料で補うこととする。

## 二　ゴムの価値と特徴

### 工業原料としてのゴム

ゴムはパラゴムノキの幹を傷つけて得られる乳液（ラテックス）を原料として作られる。パラゴムノキの原産地はアマゾン川南岸一帯で、最初にそれを目にしたヨーロッパ人はコロンブスであったといわれる。水をはじき、伸縮するゴムのユニークな特徴が注目を集め、消しゴムやズボン吊り、コートなどの日用品の開発が徐々に進められた。一九世紀半ばまでにいくつかのヒット商品が生まれ、ゴムの加工法が確立されると、人びとはゴムの人工栽培に取り組みはじめた。

イギリスは試行錯誤を重ねて一九一二年ごろまでにゴムの独占的栽培体制を作りあげる。それが可能になったのは、セイロン、シンガポール、マレー半島など、熱帯地域に植民地をもっていたためである。おりしも一八八八年にはダンロップ社が空気入りゴムタイヤを発明し、一九〇八年にはT型フォードが発売されて自動車が大衆化されつつあった。こうしてゴムは近代産業に欠かせない原料となり、イギリス植民地経営における重要なプランテーション作物となった。その後イギリスのゴム生産統制を打ち破るため、人工ゴムや合成ゴムの開発も進み、一九七〇年には生産されるゴムのうち天然ゴムの割合は三分の一以下になったが、激しい摩擦による発熱量が少ないため、大型トラックやバス、航空機のタイヤなどには不可欠であり、いまだに他のもので代用できない重要性がある。

近代産業にとってこのように重要な天然ゴムを、当然中国も欲していた。しかしゴムの本格的な開発と栽培が始まった二〇世紀初頭は、ちょうど清朝末期から政治的に不安定な中華民国期、それに日中戦争にかけての混乱期にあたり、この産業開発にじっくり取り組める状況ではなかった。新中国建国後も、共産主義勢力の伸張を恐れる米英など西側諸国の輸入統制戦略により、天然ゴムの輸入をはばまれた。こうして中国は国営農場による天然ゴムの国内生産に取り組まざるをえなかったのである。

## ゴム栽培の難点とその克服

ゴム・プランテーションが開始された当初、ゴムノキが育つのは、南緯一〇度から北緯一五度の間とされていた。ところが中国国内では最南端の海南島で北緯一八度、次いで雲南省の南部が北緯二一度であり、どちらも適地とはいいがたかった。このうち海南島では、何麟書という商人が南洋でゴムの利点を知り、一九一〇年に試験栽培を始めたことからゴム・プランテーションが発展した（陳 二〇〇四：三三四）。海南島は現在でも中国産天然ゴムの生産量第一位を占めている。

中国本土で最初に栽培を試みたのは、雲南省徳宏のタイ族有力者刀安仁である。徳宏は当時の英領ビルマに隣接していたため、中国へ拡張しようとするイギリス植民地主義の脅威に直接さらされていた。こうした危機感から刀は一九〇四年、英領マラヤからゴムノキを購入して徳宏での栽培を試みた。刀のゴム農園は、充分な管理がおこなわれないまま荒廃し、しばらくの間忘却されていたが、一九五二年に三本だけ枯れずに生き残っていたことが確認され、関係者に大きな希望を与えた。一方、雲南省南部の西双版納では、タイの華僑銭倣周が一九四八年にタイからゴムノキの種や苗を購入して農園経営の会社を設立した。しかしこちらも思ったように苗が育たず、荒廃した状態で一九五三年に政府機関に移管されている。

新中国建国後、一九五二年からいくつかの国営農場でゴムノキの試験栽培が始まったが、中国での最重要課題は冷害の克服であった。一九六〇年代後半に対中禁輸が緩むと、西双版納の熱帯作物研究所（一九五六年設立）は、マレーシア、インドネシアなどから高品質種を導入し、それらを交配して冷害に強い独自の改良種の開発を進めた。同時に、栽培手法の試行錯誤も始まった。

たとえば雲南省では、ゴムはおもに山の斜面や山頂に植えられている。山がちな雲南省では平地が稀少であり、居住区や水田としての利用が優先される。そうした制限のなかで十分な日光量を確保するため、南向きの斜面に棚田を拓いてゴムを植える方法が採用されたのである。作業効率と風通しのよさを確保するため、樹間を狭めに、樹列間を広めにする工夫もなされた。その広めの樹列間に低木である茶を植えると、根元の低温化を防ぐと同時に茶畑としてのスペースも確保できる。この栽培方法は地力の保全と労働効率の向上にも役立つとして、広西、広東、海南など他の省にも導入され、一九八六年中国科学院の科学技術進歩一等賞を獲得した（雲南省科技誌編委員会 一九九八：三四二）。このほか、タッピング（樹液をとるために幹に傷をつける）の手法など、栽培管理技術の向上もあって、現在雲南でのゴム栽培の北限は北緯二五度に達している。

## 三　ゴム林拡大の歴史

雲南省におけるゴム林拡大過程の概略を、先行研究にもとづき、西双版納を中心にまとめておく。ゴム林の拡大とともに起こった変化の重要なポイントとしては、おもに以下の三点を指摘できる。

### 西双版納の場合

①人の移動

深尾（二〇〇四）によれば、朝鮮戦争（一九五〇年六月～一九五三年七月）の終結による解放軍兵士の大量帰還、ビルマなどの周辺諸国との国境の防衛強化、それにゴムの供給源確保などの課題を解決するために、一九五〇年代半ばから国営農場建設が急ピッチで進められた。最初は雲南省や思茅地区の幹部および退役軍人が西双版納に送り込まれ、続いて昆明など地方都市からの下放青年、そしておもに湖北省などの人びとが「辺境支援」というスローガンのもとに大量に押し寄せた。ことに、一九五〇年代の大躍進と六〇年代から七〇年代にかけての文化大革命という急進的な左傾化の時代には、国全体の開拓精神の高揚とともに、大規模な人の移動が起こった。『農墾誌』によれば、一九五〇年代には昆明軍区を中心に三・一四万人の士官と兵士が雲南省の農業開墾に従事し、一九六〇年代には湖南省から三・七万人の辺境支援農民が雲南省に送り込まれた。一九七〇年代には北京、上海、重慶、成都、昆明の一〇万人の知識青年が雲南省の辺境地帯に下放された。一九九三年までにすべての農業開墾区の従業員は一四・一八万人、その家族も含めた総人口は二七・八三万人となる（雲南省農墾総局 一九九八：二）。

熱帯雨林の山の斜面を伐りひらく作業は重労働であり、一九六〇年代の雲南省には大型の機械も不足していたので、もっぱら人海戦術による開墾がおこなわれた。農場が出来た後も、収穫の際のタッピングやラテックスの回収などは、機械化できない作業であるため、農場の開墾と維持には人手がかかった。当時西双版納にいたのは、漢族とは言葉も生活様式も異なる少数民族で人口密度も低く、現地だけで十分な労働力を確保することはできなかったのである。

しかし、大躍進と文化大革命の熱狂が去ると、大量の下放青年たちが故郷の都市へいっせいに引き上げた。一時的に生産活動が麻痺状態に陥る農場も出て、足りなくなった人員はおもに近隣の都市や農村から補填された。また、一九八〇年代からは民営のゴム栽培が奨励され、山地に住む少数民族もこれに参入するようになってきている。

②植生等の自然環境の変化

開墾作業によって、広面積のモンスーン林、とりわけ中国では貴少な熱帯雨林が消失したことが大きな変化としてあげられる。人びとは競って木を切り出し、サル、ヒョウ、トラ、ゾウ、孔雀などの野生動物を狩った。今では熱帯雨林は自然保護区などに残るにすぎず、昔は比較的たくさんいた野生動物も稀少なものとなっている。

原生林が消えた後は、ゴムの単一植物栽培の畑に作りかえられる。『科学技術誌』によれば、一九六三年から機械や化学農薬を導入して、猛烈な勢いで生えてくる熱帯の雑草を除去し、その後、茶、砂仁、落花生などを樹間に植えることで、落葉による肥料と生態的な平衡の確保をおこなったという（雲南省科技誌編委員会 一九九八：三四一）。白坂によれば、普通ゴム林では熱帯雨林の三〜六倍の土壌流出がみられるが、茶を植えることである程度食い止められる（白坂 二〇〇四：二八一）。しかし深尾は、ゴム林の単一化した植生のため、保水量も川の流量も減り、洪水が増えたという現地の声を収集している。

③少数民族の暮らしの変化

一九八〇年代以降、山林の所有権の確定、生産責任制の確定、自留山[1]の確定という「三定政策」がおこなわれると、国営農場と現地の人びと、とりわけ少数民族の人びととの間に、土地に関する紛争が多発しはじめる。それまでは村レベルで土地の所有権という観念が希薄であり、未開拓の土地も豊富にあったため、国営農場の開拓者たちは比較的自由に「無主」の土地を開拓していた。しかし、土地の所有権・使用権の観念が浸透してくると、火種はにわかに可視的となる。たとえば、現地の少数民族は焼畑栽培をおこなうが、同じ場所で毎年連作するいわゆる「常畑」の発想で土地を分配されてしまうと、十分な休閑地を確保できず、焼畑栽培は成立しなくなる。そして、以前休閑地に使っていた場所がしばしばゴム林になるわけだが、これは少数民族の側からみれば、土地を取りあげられたのと同じである。また、ゴム林にされやすい山の斜面は、もともと少数民族が牛の放牧に使う空間でもあり、ゴムの若木が牛に踏みつぶされることも問題となった。

しかしこうした問題は、移民対少数民族の根本的な対立に発展することはないようである。その理由は、少数民族の生活様式そのものが近代化しつつあるためである。焼畑栽培が禁じられ、使える土地が限られれば、土地集約性が高く現金収入の得られるゴムのような商品作物を栽培せねばならない。ゴム栽培によって十分な現金収入を得、耕作する必要がなくなった人びとには、牛も必要なくなる。また、ゴムの単一作物栽培によって、山から山菜が消えても、お金で野菜も購入する習慣が同時に広まるので、人びとはあまり不都合を感じない。生活用水は川ではなくダムに頼り、建築材としての木や竹は煉瓦やコンクリートに取って代わられるため、生活圏の山に水や木がなくなってもそれを切実な問題として受けとめなくなる。こうして、ゴム林の増殖は局地的には問題を引き起こしながらも、今のところ大きな破綻を招くことなく、急速に進んでいると考えられる。

## 雲南省全体の場合

次に、『省誌』や『県誌』資料をもとに、ゴム林の拡大にともなう雲南省全体の変化を跡づけてみたい。この作業をとおして新たにわかるのは以下の四点である。

### ①開墾の歴史

雲南でのゴム林の開発は、はじめから西双版納だけに的をしぼって始められたわけではなかった。『農墾誌』によれば、一九五一年八月三一日、中央人民政府政務院は「ゴム栽培に関する決定」において、ゴムを重要な戦略物資と位置づけ、広東、広西、雲南、福建、四川など五つの省区でパラゴム

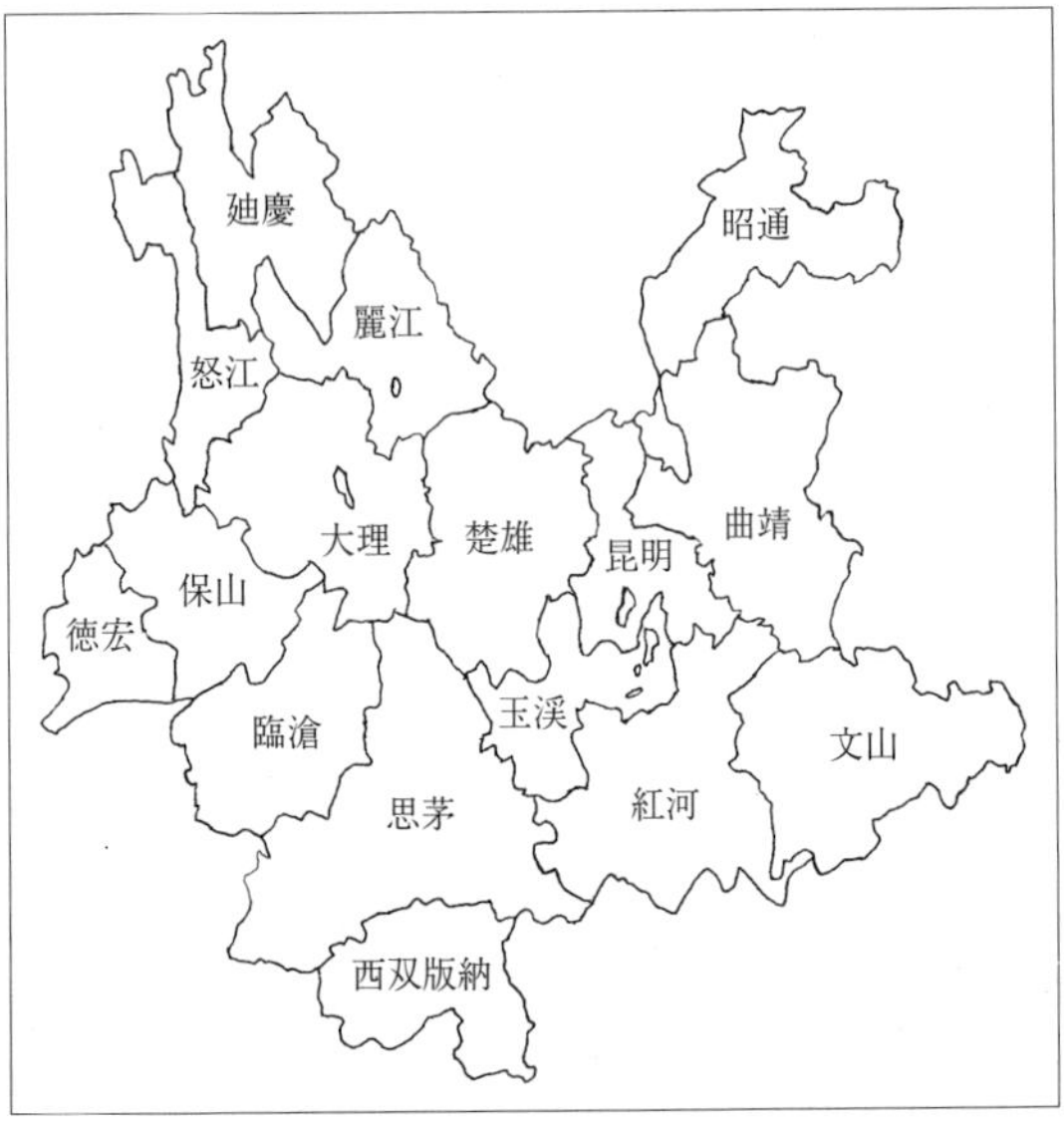

図１　雲南省地図

ノキ七〇万ムー(2)を植えることを決定し、雲南にはそのうち二〇〇万ムーを割りあてている。

雲南における最初のゴム農園は一九五二年設立の盈江農場であり、これは刀安仁が残したゴムノキの調査を兼ねて作ったものと思われる。次に出来たのは一九五三年の金平で、こちらは一九五一年の調査でゴムノキに代替できそうな蔓性植物がみつかったことがきっかけとなった（雲南省金平苗族瑶族タイ族自治県誌編纂委員会 一九九四：二三六）。一九五四年には西双版納に熱帯作物研究所の前身となる研究所ができ、河口にも農場が設立されている。この経緯をみるかぎり、西双版納以外の地域でも栽培の可能性があるところに農場を設立しており、ゴム以外の作物を手がける潞江や思茅をあわせて考えると、比較的交通の便の良い、すでにある程度拓けたところから開墾に手をつけたと思われる。

農場建設は一九五六年と一九五八年に早くもピークを迎える。建設ラッシュは一九五六年から始まっており、必ずしも大躍進にあわせたわけではないようである。これに対して文革期では新たな拠点は作られていないものの、そのかわりもっとも大量に移民が流入した時期であり、すでにある拠点の開墾地が大きく拡大された。保山地区にある潞江農場などは、盈江農場よりさらに北であるにもかかわらず、一九七〇年から七三年にかけて大規模なゴム栽培に挑戦している。一九七三年までに一・一八万ムーまでゴム林を広げたが、その後は厳しい気候条件や管理不足、牛馬の害などのため、一九八五年の段階で残っていたのは古い木ばかりわずかに二三〇六ムーだった（雲南省農墾総局 一九九八：四四九）。

一九八〇年代からは農場内の整備が強化され、どの農場も比較的よい成果を残しているが、民営の時代に移ったため、新しい国営農場はほとんど建設されていない。

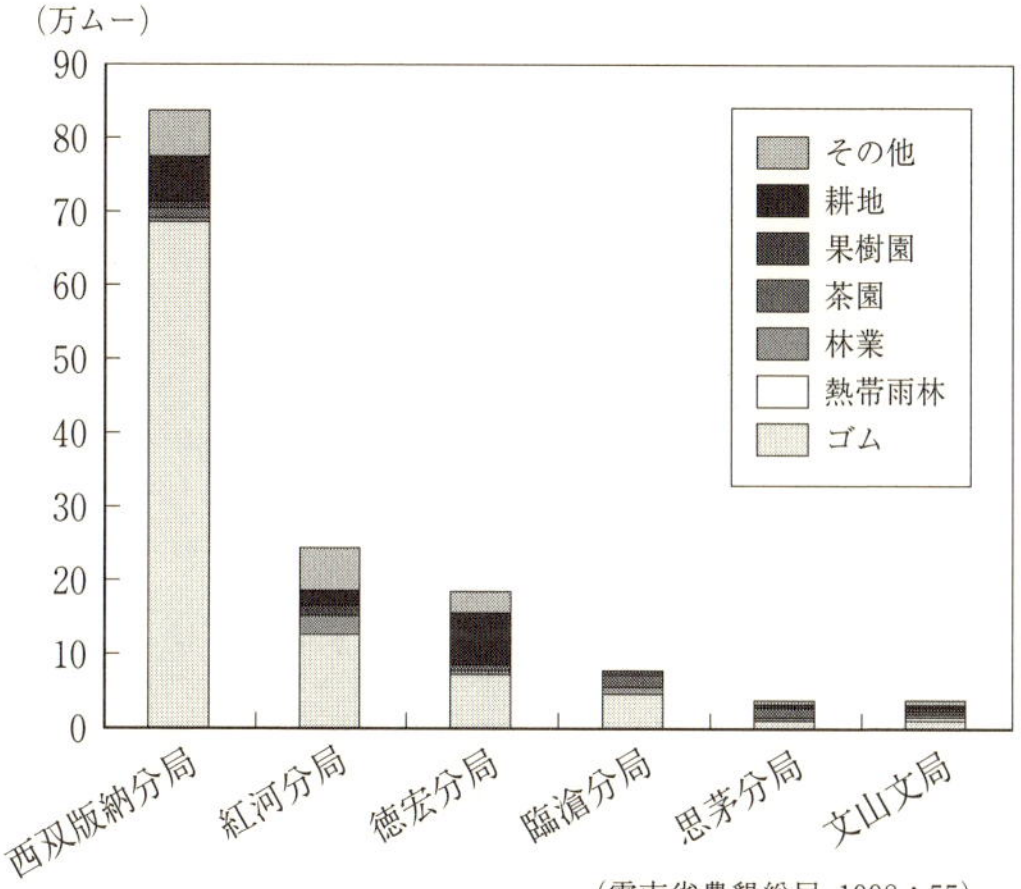


（雲南省農墾総局 1998：55）

図2　雲南農業開墾土地利用状況（1985年）

②開墾の失敗

西双版納だけをみているとあまり気づかないが、雲南全体でみると、失敗した開墾地が相当数あるように見うけられる。例えば先にあげた潞江農場のほか、盈江農場のゴム林の状況も現在はあまり思わしくない。盈江農場は五〇年代にはゴムを試験栽培し、六〇年代と七〇年代に大規模な開墾をおこない、一九八五年までに累計で一・九四万ムーのゴムノキを植えている。しかし土地の選定が不適切で、管理も行き届かなかったため、そのうち八五七八ムー分が廃棄処分となり、残るは一・〇八万ムーのみとなっている。しかもほとんど利潤が得られなかったため、一九七六年から茶の栽培をメインに切り替えて、一九八五年までに六三二四ムーの茶畑を造成した（雲南省農墾総局 一九九八：六四二）。

冷害による被害も大きい。江城農場は一九六三年から七三年までの一〇年間に五二〇〇ムーのゴム林を開墾していたが、一九七三年と一九七五年の二度の冷害により、ゴムノキの被害率一〇〇％、死亡率九〇％、かろうじて生き残ったのが五一〇ムーのみという大打撃を蒙った。一九七八年以来おもに茶の栽培に力を入れるよう方針転換している（雲南省農墾総局 一九九八：七六八）。

健康農場では一九八五年に大きな被害が出ている。『農墾誌』の記述によると、「一九八四年一二月二二日から一九八五年一月一五日にかけて、二〇日あまり寒冷な天気が続き、通常の平均気温は二〇度であったのが、突然九・三度と七・二度に下がった。この年に出た新しい枝はすべて凍死し、被害を受けたゴムノキの皮は黒く変色し、破裂するように剝け、ついにはすべて枯れてしまった。タッピングしていたゴム林で被害を受けたのは三七二〇ムー、被害率は九八・九五％だった」（雲南省農墾総局 一九九八：七三五）。このほかにも冷害や強風によるゴム林の被害が報告されている(3)。

このようにみてくると、二つの疑問点が浮かぶ。一つは、被害を受けたゴム林はその後どうなっているのか、という問題である。この件に言及しているのは唯一盈江農場で、「八五七八ムーのゴム林がだめになったあと、一九八五年までにゴムと茶の二層栽培面積を一五七一ムー分に増やし、根元が腐って株の欠けたゴム林に新たな植物群落を形成した」（雲南省農墾総局 一九九八：六四二）とある。ということはだめになったゴム林はそのままにして、新たに茶を植えたようである。しかし二層栽培にした一五七一ムー分がすべてだめになったゴム林の再利用であったとしても、まだ七〇〇七ムー残っている。その土地は具体的にどのようにやりくりされるのであろうか。枯れたゴムを抜いて整地しなおすのか、それとも単に放棄されたままなのだろうか。

もうひとつは、冷害や品種改良などのために比較的短期間のうちに植え替えられている可能性についてである。『農墾誌』は、ゴム林の地力について次のような見解を示している。すなわち、ゴム林の地力は一定の時期ごとに変わる。開墾して一〇年間は地中の有機質が減るが、ゴムノキは植えて五年めごろから多くの葉を落とすようになり、管理がきちんとしていれば一〇年後から地力は回復に向かう。二〇年目には元の水準にもどり、三〇年以上になると元の水準より強い地力をもつことになる（雲南省農墾総局 一九九八：五二）。しかし、各農場が本格的にゴムを植えだした一九五〇年代後半から一九八五年までに何度か冷害があり、古いゴム林の残留率は総じて低い。また一九六〇年代前半以来頻繁に新品種が導入され、接木がおこなわれている。とすれば、大量に葉を落とすほど成長する前に接木されたり、放棄されたりしたゴム林が相当あるのではないだろうか。『農墾誌』の地力自然回復説はあくまで理論上のことで、実際には地力回復のサイクルがうまくいっているとは限らないのではないだろうか。こうした疑問について、文献資料からはこれ以上のことをうかがい知ることはできない。現地調査をしてみなければわからない問題である。

冷害による被害のほかに、管理の問題も指摘できる。たとえば勐醒農場では、「一九六三年から一九七三年にかけてゴム林の発展は比較的早く、二・〇七ムー分を植えた。しかし管理が不十分で植え方もまちまちであり、新たに開墾したゴム林の少なからぬ部分が放棄され、もともとあった林も荒れてしまった」とある（雲南省農墾総局 一九九八：五六七）。同様の記述は臨滄地区や文山にもみられ、どれも文革の時代にあたる。[4] 文革の波におされて猛烈な勢いでゴム林を造営しても、そのような一時的な熱狂には持続力がないため、その後の管理がおろそかになって多くのゴム林がだめになった可能性がある。こうしてみると、愛国主義的な熱狂は、驚異的な速さでの開墾を可能にしたと同時に自然環境や人的制度にも大きな負荷を与えた両刃の剣であったといえよう。

③近代化

『雲南省誌』や各県の県誌の記述からは、国営農場が現地のインフラを整備し、近代的生活様式を具体的に作りだす役割を果たしたこともみえてくる。その例の一つは水力発電所の建設である。農場で働く人びとはすでに近代的生活様式を身につけた人びとであり、農場は、たとえ初期はごく簡便なものであったにせよ、医療、教育、電気通信、体育、文化それにゴム靴工場や木材加工工場などの諸施設を備えた近代的な単位[5]を目指していた。このような農場の運営には大量の電力を必要とした。水力発電所の主管単位は通常各地域の電力会社か水電局だが、なかには農場が主管しているものがある。たとえば一九八二年に完成した西双版納の流沙河三級発電所は景洪農場が建設し、雲南省熱帯作物研究所と橄欖壩農場にも送電している。一九八六年完成の回窪発電所は勐腊農場が外資を導入して建設し、勐醒・勐満・勐捧農場の電力をまかなっている。ほかにも徳宏農場の漚流発電所、東風農場の東風発電所、双江農場の勐勐河発電所などが農場の主管である。

農場は同時に大量の水も必要としたが、大河川をせき止めた大型のダムの水を農業用水に利用する農場はあまり多くないようである。開墾区の地形は山高く谷深く、大河川は開墾区より低いところを流れているからである。その代わり山肌から地表水として流れてくる小川が多く、農業用水は、こうした小川をせき止めた池や小型のダム、水路などから得たと思われる。[6] ただし地表水は季節性が強く、乾季には水量が激減する。雲南ではゴムの植付けの時期が乾季にあたるため、この時期に水が必要となる。ゴムといっしょに植えるコーヒーや茶、果物なども水を多く必要とする。ゴム林の拡大ととも に地表水の流量が減ったことの背景には、植生の単一化からくる保水量の減少とともに、農業用水の需要の増加も背景として考える必要があるかもしれない。

また、おもにゴムを栽培している農場は、正確な建設年代はわからないものの、早いところでは東風農場や勐養農場のように一九六六年から、たいてい自前の簡易な製ゴム工場を持っている。ただ、それについて気になるのは、勐腊県誌の次のような記事である。「大型天然ゴム工場が勐腊農場で建設され生産が始まる。現在のところ国内で規模が最大で、生産技術は最先端の製ゴム工場である。〔……〕同時に省内で初めての製ゴム廃水処理設備が完備され、汚染を防ぐ」（一九八八年七月三〇日）。これが本当だとすると、それ以前は製ゴム排水がどのように処理されていたのだろうか。

国営農場は地方におけるインフラ拡充の原動力の一つとなったのみならず、地元の人びとに近代的な生活様式や社会主義の理念を伝える宣伝隊の役割も担っていた。直接的には、医療や教育のサービスを農場外の地元の人びとにも提供したり、宣伝映画を放映したりするなどの、啓蒙的な活動があげられる。農業に関することでは、茶栽培やゴム栽培の指導、ゴム苗の無料提供などが重要である。とくに地元民に対する農業関連の技術提供は、いくつかの農場で一九八〇年代から顕著になる傾向で、これが現在の民営ゴム林の普及につながっているとみられる。例えば東風農場は一九八五年までに七一・四万株のゴムの優良品種を無償もしくは少額で民営ゴム栽培に譲り、橄欖壩農場は一九八四〜八五年、近隣の民族村で道路建設、家建設、電線敷設、民営ゴム栽培の促進などを行っている。勐捧農場では一九八〇年に民族外事科を設置し、一九八一〜一九八五年にかけて地方ゴム作業員七九人を育成、ゴム苗一三・九一万株を一般農家に提供、のべ三・〇五万人の病人を診察し、文化活動を展開、少数民族学生七六人を受け入れている。

こうした活動が一九八〇年代からさかんになる背景として考えられるのは、三定政策によって土地の所有権をめぐる地元民との問題が頻発するようになり、彼らとの関係を改善する必要が出てきたこと、文化大革命が終わって下放青年がいっせいに帰郷したため多くの農場が急に人手不足に陥り、現地で人員調達する必要が生じたことなどが考えられる。

いずれにせよ、ゴム農場はハードとソフトの両面から地方の近代化を牽引する役割を果たしたと考えられる。

④国境防衛

国営農場の配置は一見してわかるとおり東南アジア各国との国境線に近い。この地域はイギリス、フランス、日本の植民地化の争点となったことがあり、国境が確定されたのは比較的最近である。その意味で軍事的に重要な意味をもち、実際に戦闘も起こっている。国営農場は必然的に戦闘隊としての役割も担っていた。例えば、文山州の天保農場はベトナムとの関連で何度か戦闘に巻き込まれている。一九六四年、アメリカに抗しベトナムを支援するために、農場内で三〇〇人の労働者を募り、四〇〇ムーの土地を耕して前線に野菜を支給している。一九七九〜八四年の戦いでは、農場は民兵を派遣して作戦に参加している。もっとも烈しい戦役では、七三三人が前線に赴き、弾薬などの物資の運搬や死傷者の救助、道路や建物の補修、地雷の撤去などをおこなった。こうして一九七九〜九〇年の間に、農場から三九人の死者と七五人の怪我人がでた。とくに一九八四〜八五年には、すべてのゴム林が銃撃区となり、七〇〇ムーのゴム林が地雷原となった（雲南省農墾総局 一九九八：七二一）。

このほか、文化大革命中は東西冷戦の緊張が高まっていたため、すべての国営農場が一時的に軍隊にならった組織に改編されている。このように国営農場は「屯墾戍辺」つまり、辺境の地を開墾するのみならず、同時に国境を守るための拠点であった。

## 四　ゴム林の現状と将来

『農墾誌』の一九八五年のデータによれば、ゴム林面積は一二五万ムー（国営農場だけで九七・七万ムー）で、雲南省全体の面積からいうと〇・二％であり、数量的にはごくわずかかもしれない。ただしそれは雲南南部に集中しており、西双版納では土地面積の五％程度がゴム林となる。また、人間の居住地に近い山が伐りひらかれること、一九八〇年代以降は民営のゴム林が急増していること、ゴム林の拡大が自然のみならず人びとの生活様式をも変えていることを考慮すると、それは人間にとっての生態環境に直接かかわる大きな変化であるといえる(7)。

『ゴム年鑑』によれば、中国のゴム消費は二〇〇一年に年間一二一万トン(日本七一万トン)で世界一となり、今後も増えつづけると予想される。生産量は四六万四〇〇〇トンでタイ、インドネシア、マレーシア、インドに次いで五位となっているが、消費に追いつかないため輸入している(『ゴム年鑑』二〇〇七:五一—六)。一九五〇年代とは違い、現在の中国ではゴムの国内生産に過度に固執する必要はない。むしろゴム植林適地はすでに飽和し、生態系への影響が懸念されはじめている状況であり、たとえば西双版納州政府は一九九二年に天然ゴム管理条例を批准し、風景名勝区や水源林などでのゴム植林を規制している(西双版納タイ族自治州地方誌編纂委員会 二〇〇二:下冊九八〇)。

こうしたなか、中国の企業が国境を越え、ラオス側の農民にゴムノキ栽培を委託する動きが広がっている。安達(二〇〇六)によれば、北ラオスのサムトン村では約五〇世帯が、焼畑などにゴムノキを植える契約を、中国の企業と二〇〇五年に結んでいる。苗と技術は中国企業が提供し、ゴム原液の売値もすでに決まっているという。雲南におけるゴム林の拡大は、国境防衛と辺境の少数民族の生活様式の近代化と密接にかかわりながら展開してきたが、今後はグローバルな関係性のなかで、政治的・経済的に中国が存在感を増すとともに、国境を越えて南下していくことが予想される。

注

(1) 樹木の栽培や林業副産物の生産・販売などの権利を個人に割り当てた山のこと。

(2) 一ムーは六・六六七アール。ゴムノキは一ムーあたり二五〜三五本植えられる。

(3) 例えば勐省農場は七三年と七四年の冷害でゴム林二一三〇ムーのうち一四一〇ムーが枯死、勐捧農場は同年の冷害で二・〇一万ムーのうち六三四〇ムーを喪失、勐養農場は一九七四年と一九七六年の冷害で一・九七万ムーのうち一・四四万ムーを失っている。ゴム林に対する強風の被害は孟連(一九九〇年四月二一日)、耿馬(一九九〇年一一月九日)で記録されている。

(4) 臨滄地区では総括として、「一九七〇年には指導思想上の誤りのため、ゴムを植える際に数量ばかり気にして質を疎かにした。また、一九七一年にはタッピング規定にそむいて若木に対するタッピングの強度を誤り、潰瘍病が蔓延して孟定農場だけでも二・五万株を失った」とある(雲南省農墾総局 一九九八:五七六)。文山州でも総括として、「それまで植えてから七〜八年でタッピングを開始できていたのが、一九六七年以降は多くの規定が十分に守られなかったので、九年以上に延びた」とある。

(5) 企業・機関・学校など、個人が所属する組織のことで、単にその人の仕事のみならず、日常生活にもある程度の管理が及ぶ、中国独特の社会制度。

(6) 県誌データベースでは、一九五八年ごろから火力発電所に関する記事が減り、水力発電所に関する記事が増える。小さなダムや灌漑用池については建設年代を記した資料が見当たらないが、『農墾誌』では多くの農場について、農場内に多くの灌漑用池があると記述されている。

(7) 深尾は二〇〇四年の時点で国営農場の天然ゴム林一〇〇万ムーに対し、民営ゴム林が一一〇万ムーとしている(深尾 二〇〇四:二九七)。

## 参考文献

安達真平　二〇〇六「ラオス北部と雲南の比較」21世紀COEプログラム　ラオス・スタディ・ツアー報告。〈http://areainfo.asafas.kyoto-u.ac.jp/japan/fsws/2005_thai/adachi_laosst/adachi.html〉。
白坂　蕃　二〇〇四「雲南の南部山地における伝統的農業とその変容」『地学雑誌』一一三（二）：二七三―二八二。
深尾葉子　二〇〇四「ゴムが変えた盆地世界――雲南・西双版納の漢族移民とその周辺」『東南アジア研究』四二（三）：二九四―三一七。
『ゴム年鑑』二〇〇七　ポスティコーポレーション。
陳銘枢（総纂）二〇〇四『海南島誌』曽蹇主編　海口：海南出版社。
西双版納タイ族自治州地方誌編纂委員会編纂　二〇〇二『西双版納タイ族自治州誌』北京：新華出版社。
尹紹亭・深尾葉子　二〇〇三『雨林阿膠林：西双版納橡膠種植与文化和環境相互関係的生態史研究』昆明：雲南教育出版社。
雲南省科技誌編委員会編撰　一九九八『科学技術誌』、雲南省地方誌編纂委員会総纂『雲南省誌』巻七、昆明：雲南人民出版社
雲南省農墾総局編撰　一九九八『農墾誌』、雲南省地方誌編纂委員会総纂『雲南省誌』巻三十九、昆明：雲南人民出版社。
雲南省金平苗族瑶族タイ族自治県誌編纂委員会　一九九四『金平苗族瑶族タイ族自治県誌』北京：生活・読書・新知三聯書店。

# サラワクにおけるプランテーションの拡大

祖田亮次

## 一　木材伐採から土地開発へ

マレーシア・サラワク州（以下、サラワク）における商業的木材伐採が、森林破壊の元凶として各方面から糾弾され、大きな話題となっていたのは、いまや昔のこととさえ感じられる。

サラワクで木材伐採がもっともさかんにおこなわれていた一九八〇年代、この地は世界中のメディアに頻繁に紹介されることになった。その発端には、一人の白人男性の存在があった。スイス出身の冒険家ブルーノ・マンサーは、一九八四年から六年間にわたって、森に住む狩猟採集民たちとともに生活し、彼らの生活空間が伐採活動によって急速に、また不当に破壊されているとして、その現状を世界中のメディアに発信しつづけた。彼は、木材の主要な輸出先である日本をもたびたび訪門し、サラワクの森林破壊の現状を訴えた。彼のメッセージは、ヨーロッパを中心に大きな関心をよび、サラワクは数多くの環境ＮＧＯの活動拠点にもなったのである。つまり、一九八〇年代後半から九〇年代初頭にかけてのサラワクは、ブルーノ・マンサーの活動をとおして、世界中にいわゆる環境問題を喚起させたという意味で、象徴的な存在であったといえよう。

サラワク州政府も、先進国政府や国際環境NGOからの批判を和らげるために、一九九〇年代、丸太輸出制限などの措置をとり、ブルーノ・マンサーが行方不明になった二〇〇〇年以降は、サラワクの木材伐採に関する報道の頻度は少なくなっていった。また、世界中でさまざまな自然破壊・汚染が明らかになり、いわゆる環境問題が多様化していくなかで、サラワクの木材伐採は、深刻で緊急な問題としてのインパクトを徐々に失っていったように思われる。実際、伐採活動に従事する人びとが、「サラワクにはもう、まともな木はない」と誇張ぎみに語るように、合板やベニヤの製造を目的とした小径木の伐採が、インドネシア国境に近い最奥の地で細々と続けられているという状況とみてよいであろう。

その一方で、木材伐採に代わる環境問題として、近年しばしば指摘されるのが、大規模なプランテーション開発である。サラワクにおいては、とくにオイルパームとアカシア・マンギウムのプランテーションが卓越しており、ここ十数年来その面積は急激な拡大をみせている。このプランテーションの拡大は、木材産業の先行きに危機感を抱いたサラワク州政府が、天然木材依存型経済からの産業構造転換をもくろんで推進してきたものである。

しかし、プランテーション開発というのは、土地利用の方法が木材伐採とは根本的に異なる。伐採によって天然林が撹乱されてきたとはいえ、「択伐」を採用してきたところは、貧弱ながら一応森林として残される。その一方で、プランテーション開発は、森林を皆伐したのち、新たな作物を植え、管理するなどして、土地に投資したものを回収するという経済活動である。その投資を守るために、結果として、焼畑農耕民たちを排除する「排他的土地利用」という特徴をもつことになる（Dove 1985, 1986；佐々木 一九九九）。また、プランテーションは数多くの単純労働者を必要とするため、インドネシアなど他国からの安価な労働力をの流入を招くことにもなり、当該地域の社会構成も大きく変化しうる。

こうした状況に対する批判的な見解も、これまでいくつか示されてきた（たとえば、岡本 二〇〇二）。最近では、オイルパーム・プランテーションの開発に反対するヨーロッパの環境NGOの動きが活発化しており、サラワク州政府も強い警戒感を示している。しかし、現地にすむ人びとのなかにはオイルパーム・プランテーションを待望する人びとも少なからず存在し、問題はそれほど単純ではない。一方、アカシア・プランテーションについては、まだプロジェクト自体が新しいこともあり、社会的な側面に関する報告事例は、まだ非常に少ない状況である。

以下では、サラワクにおけるオイルパーム・プランテーションとアカシア・プランテーションを中心に、急速に進む土地開発の状況を概観し、そこにすむ人びとが何を考え、どのような対応を示してきたのか、その断片を紹介してみよう。

## 二　オイルパーム・プランテーション

### マレーシアにおける拡大とボルネオ島の位置づけ

「地球に優しい」とか「手に優しい」というキャッチフレーズで、一般にもパーム油が注目され始めたのは、一九九〇年代の初頭である。その利用は多岐にわたる。洗剤・石鹸や化粧品などのほか、スナック菓子、マーガリン、インスタントラーメンなどの食品にも幅広く使われており、われわれの日常生活と切りはなせない存在になっている。また、近年では、バイオ燃料としても注目されている。このパーム油は、日本のみならず、他の先進国でも広く使われているが、最近では中国やインド、パキスタンなどの輸入が拡大し、世界油脂市場で急激に需要が拡大している（岩佐 二〇〇一a、b；UNCTAD 2003）（図1）。

世界の植物油生産のなかで、パーム油の占める割合は、二〇〇五年に大豆油を抜いて第一位となった。そして、その半分近い一五一三万トンがマレーシアで生産されており、生産量・輸出量ともに圧倒的な地位を誇っている（図2を参照）。マレーシアは、一九六〇年代、半島部における豊富な未開拓地をプランテーションに利用する政策を推しすすめた。しかし、八〇年代、コスト面において新規の土地開発によるパーム油の増産が困難になってきた（加治佐 一九九六）。そうしたなか、新たなプランテーション開発フロンティアとして「周辺部」、つまりボルネオ島や隣国のインドネシアが注目され、いわば開発の外延的拡大という傾向がみられるようになった。

図1　パーム油貿易の流れ（2000年）
（UNCTAD 2003：321を筆者改変）

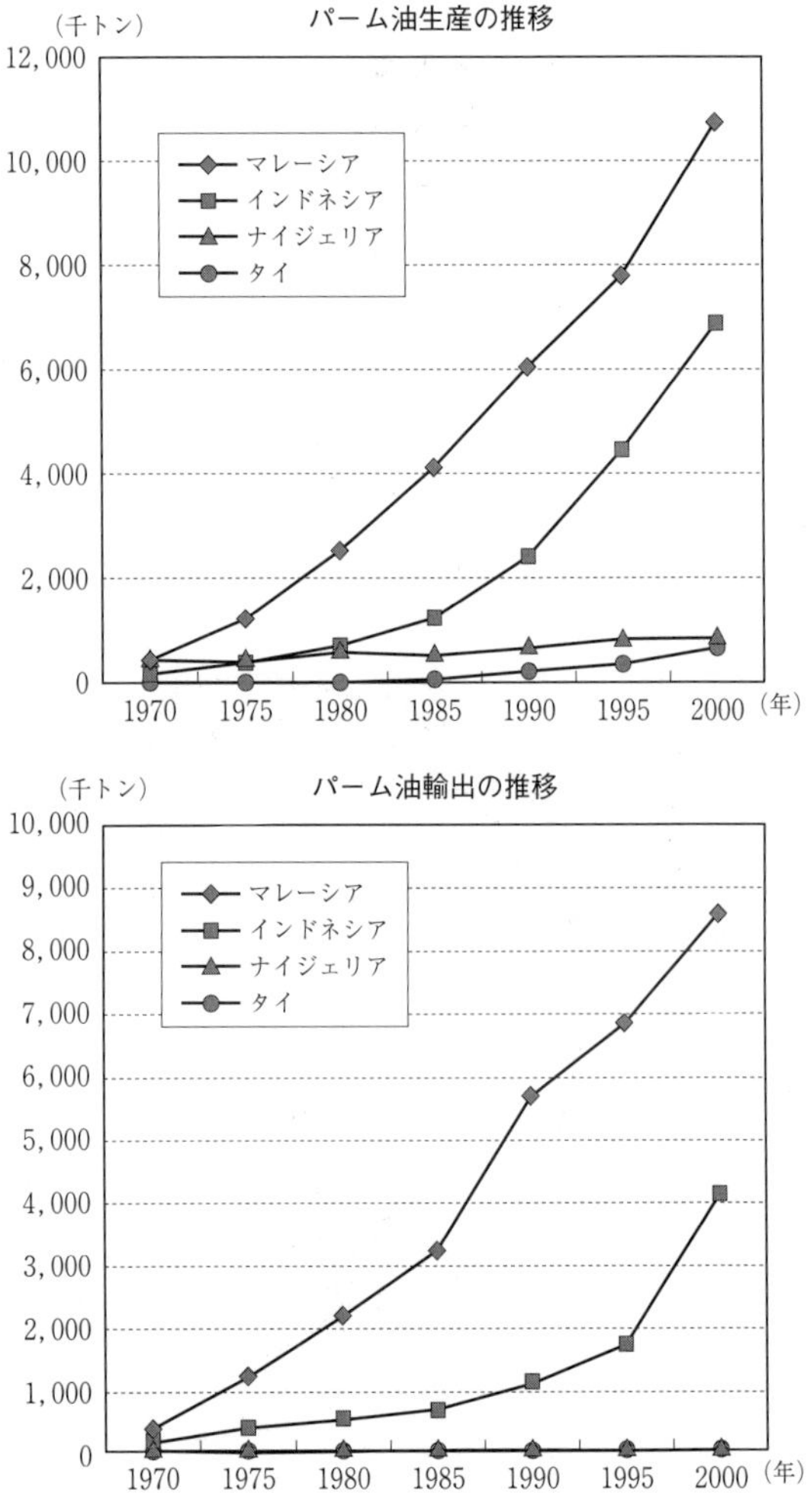


図2　主要国におけるパーム油の生産・輸出の推移

(UNCTAD 2003)

図3は、サラワク州のオイルパーム・プランテーション面積の推移を示したものである。一九九〇年代マレーシア全体での面積拡大が停滞しているなかで、サラワクにおいてはその面積が急速に拡大しており、二〇〇四年の時点で五〇万ヘクタールを超えるにいたった。サラワク州政府は、今後少なくとも一〇〇万ヘクタールの規模まで開発していく計画をもっており、実際、土地測量局の内部資料

によると、二〇〇二年の時点で許可を受けた農園および農園予定地は一二七万ヘクタールとなっている（Land and Survey Department Sarawak 2002）。

サラワクでオイルパーム・プランテーションが拡大しはじめたころ、隣国のインドネシアでも重要な動きがあった。インドネシアにおける主要なプランテーション地域はスマトラ島であったが、一九八〇年代後半以降、カリマンタン（ボルネオ島のインドネシア領）においても開発が進行しはじめた。当初は国営企業による開発が中心であったが、九〇年代になってから民間企業による開発が活発化し、華人系インドネシア資本だけでなく、マレーシア資本も入ってくるようになった（佐々木 一九九九）。ボルネオ島のインドネシア側では、西カリマンタン州および中央カリマンタン州が高い開発ポテンシャルをもっているとされ、佐々木（一九九九）によると、プランテーションの開発可能面積は、西カリマンタンで一〇三万ヘクタール、中央カリマンタンで八〇万ヘクタール程度あるという。

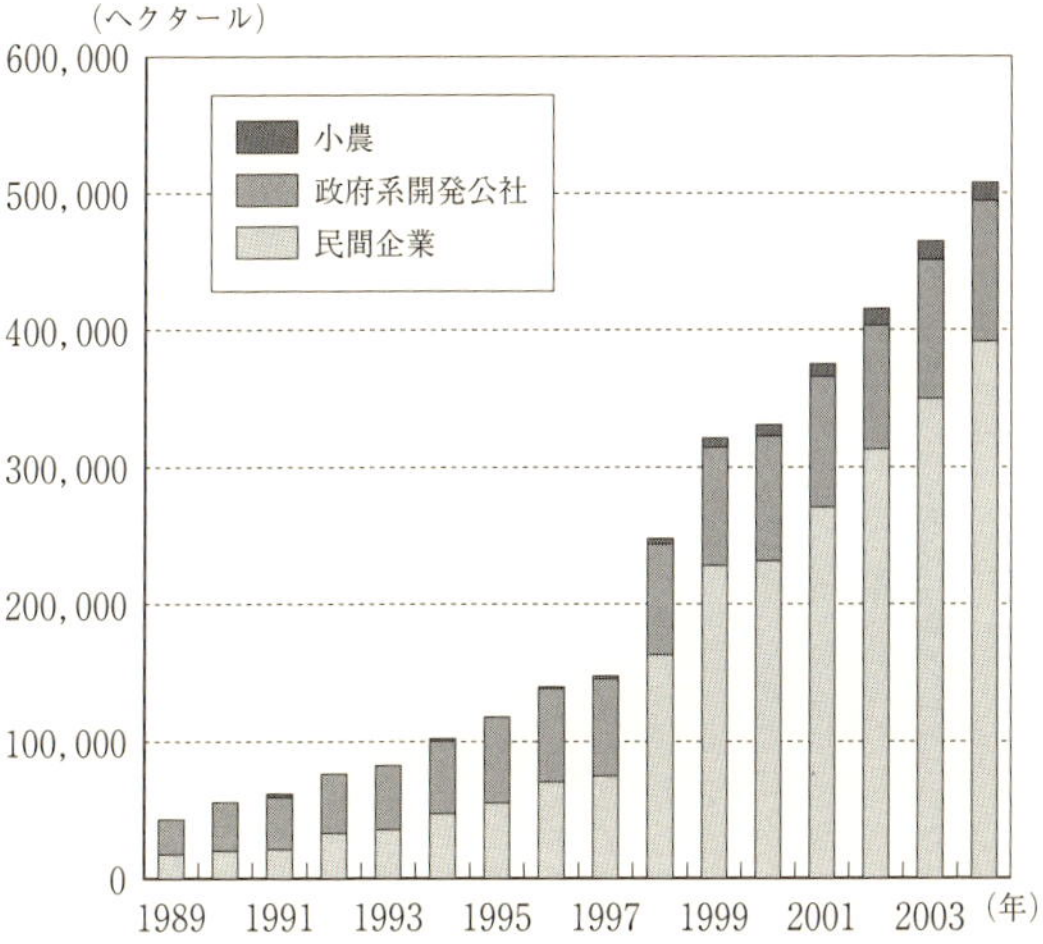


**図3 サラワクにおけるオイルパーム植栽面積拡大の推移**
（Yearbook of Statistics Sarawak 各年版）

つまり、サラワク、カリマンタンともに、いいかえればボルネオ島全体が、ここ十数年来、プランテーション開発フロンティアの情況を呈しているのである。

写真１　オイルパーム・プランテーション

## 住民の賛成と反対——カノウィットでの事例

少し古い話になるが、私がラジャン川中流域のカノウィット県で農村調査をおこなっていた一九九六〜九八年にかけて、当地でオイルパーム・プランテーションが計画され、住民のあいだでは大きな話題となっていた。とくに、九六年に開発計画がもちあがったときは、ちょうどサラワク州議会議員の選挙直前だったので、当該選挙区における選挙の争点としても取りあげられた。しかしそこでは、いわゆる環境問題はまったく議論されることはなく、基本的には土地権や利益配分に関する問題に議論が終始した。ここでは、土地をめぐる葛藤について一例を紹介しておこう。

サラワクの土地問題を取りあげる場合、「先住慣習地（Native Customary Rights Land）」の問題を避けることはできない。サラワクでは、都市とその周辺、あるいはプランテーション等の開発が行われている場所を除けば、土地登記がなされているところは少ない。その一方で、サラワクの土地法は、一九五八年よりも前に「先住民」[1]によって利用されたことのある場所は、先住民自身の慣習法に沿った土地の利用を認めている。こうした土地を「先住慣習地」とよんでいるのである。つまり、サラワクには近代法にもとづく土地法と、先住民の慣習法にもとづく土地法が並存しており、従来先住民の慣習地だったところに、近代的土地法を必要とする商業的大規模農業が浸透することによって、土地の利用法や保有形態に関するさまざまな矛盾が顕在化しているのである。

サラワク州政府は、内陸に広がる先住慣習地（その多くが休閑二次林やゴム園）の「有効利用」を目的として、一九九五年に「新構想」と呼ばれる土地利用のあり方を示した。そこでは、先住民が慣習的に利用・占有してきた土地をプランテーション企業が六〇年間「リース」し、プランテーション経営から得られる利益の一部を先住民に還元することが明記された。そして、六〇年間の契約が過ぎれば、その土地は先住民に返還され、同時に近代法にもとづく土地の権利証（土地登記証）が発行されることになっている（Soda 2003）。この六〇年というリース期間は、しばしば州政府や開発企業と先住民とのあいだで葛藤を生みだすものであり、一九九六年のカノウィットの事例でも、この点が最大の焦点となった。

カノウィットのオイルパーム・プランテーション計画地域には、先住民慣習地が相当の割合で含まれており、この土地の扱いをどうするかが問題となった。先住慣習地には登記証が存在しないため、近代法の立場からみれば、「所有権」はなく、「占有権」あるいは「利用権」しかない。しかし、六〇年後にその土地に対して登記証が発行された場合、より確実な権利を保持することができるというわけである。

しかし、多くの住民は、リース期間とよばれる六〇年の間、実際には当該の土地が企業名義で登記されるという点に不安を隠せないでいた。「なぜ自分たちの土地なのに、最初から自分たちの名義で登記できないのか」という不信感は強い。彼らが主張したのは、先住民が慣習的に使ってきた土地は、まず先住民自身の名義で登記して、そのうえで企業とリース契約を交わすべきであるという明快なものであったが、州政府は、個々人の名義での登記は膨大な時間がかかり開発の推進を阻害するという理由で、そうした主張を認めていない。

表1では、プランテーション開発に対するさまざまな見解を、「賛成派」と「慎重派」という形に分けて掲載した。先述のとおり、この議論は、一九九六年の選挙で当該地域の最大の争点となった。州政府の広報の域を出ない地元新聞は、これを「与党現職＝開発推進派」対「無所属新人＝開発反対派」、あるいは「未来を見すえ地元に富をもたらす与党現職」対「故習に縛られた利己的で頑固な無所属新人」という単純化した形で報道しつづけた。しかし、表1をみればわかるように、実際には「開発反対派」とされた無所属候補の支持者たちも、土地の所有権と利益配分のあり方が明確化されればプランテーションを歓迎する、という人びとが多数を占めていたのである。実際、無所属候補者は、この選挙がおこなわれる数年前に、当該地域で、半島の私企業によるプランテーション開発を模索していた人物であり、政府援助に頼らない自律的・自発的な発展の可能性を求めていた（結果的には成功しなかった）。

一方、賛成派の人びとも、本音では州政府を信用できないと感じつつも、無所属候補者を推したところで、州政府から目をつけられた状態では、将来的にも自分たち自身による開発など実現不可能ではないか、という疑問と諦念を感じていた。それは、身近な開発と生活向上を自分たちの手で実現することをめざすのか、あるいは、州政府の補助金やプロジェクトに頼りつづけるのか、という意志の

表1　オイルパーム・プランテーション開発に対する見解

| 賛成派 | 慎重派 |
| --- | --- |
| 政府や企業を信用しているわけではない。しかし，60年も先のことなど，われわれの知ったことではない。孫の世代のことまで考える必要があるのか。それよりも，いま開発を受け入れて，わずかながらでも土地のリース料が入るなら，多少とも生活の足しになるから，それでいいではないか。<br><br>若者は都会に出て，焼畑に使う土地の面積も小さくなっているのだから，1世帯あたり数エーカーの先住民慣習地さえ残してもらえれば，あとは開発してもらってもかまわない。<br><br>政府案に反対すれば，われわれは開発から取り残されて，いつまでも貧困から脱することはできない。<br><br>政府に逆らうのは得策ではない。開発を受け入れるべきである。政府に従順であるという態度を示しておけば，その他の開発補助金も得やすくなる。<br><br>焼畑よりも水稲耕作のほうが多くなって，山には行かなくなった。ゴムの値段も下がって，ゴム園も放置したままである。せっかくの土地を，ほとんど使っていないのでもったいない。プランテーションに利用した方が良い。 | 60年も経てば，自分はもちろん，子や孫でさえ死んでいるだろう。その頃には，今回交わす契約も忘れ去られて，われわれの土地はいずれ政府や企業に取られてしまうだろう。子孫に土地を残してやれないのは問題である。<br><br>先住民の土地は先住民が管理すべきである。まず先住慣習地を住民の名義で登記したうえで，企業と契約を交わすべきである。そうであれば，開発は賛成である。<br><br>政府系の企業は信用できない。自分たちで，半島の華人系企業を呼んできてプランテーション開発するほうが良い。<br><br>オイルパームの生産期間は25年前後である。だとすれば，60年契約ではなく，30年契約にすべきである。30年であれば，開発を受け入れても良い。60年契約というのは長すぎる。<br><br>政府は森を切ってから測量するといっているが，そんなことをしたら，他人との土地の境界として目印にしてきたゴム園や果樹，小川，巨石，わずかな土地の起伏などが分からなくなってしまう。いまある地形や植生を維持したままで測量と登記を済ませてしまうべきだ。<br><br>経営利益が出たら，土地の提供者にその10％が来るというけど，それ自体が信用できない。企業が本当のことを言うのかどうか。 |

（筆者現地調査）

選択でもあった。つまり、プランテーションをめぐる地元先住民のあいだの意見の食い違いは、土地問題に関する微妙な見解の相違であると同時に、現在も続くサラワクの「開発政治」にどう対応していくのかについての迷いでもあったといえよう。

## インフラストラクチャーの整備と雇用創出

先述のカノウィットの事例は、土地権や利益配分をめぐる、ひとつの典型的な対立構図ではあるが、それは都市へのアクセスが比較的容易な地域における事例であった。カノウィットよりも内陸（上流）に入った地域や、下流域でも道路交通の不便な場所では、別の意味でオイルパーム・プランテーションに期待する声が聞かれる。それは、インフラストラクチャー整備と雇用創出への期待である。

オイルパーム・プランテーションの経営を可能にするためには、最低三〇〇〇ヘクタールの作付面積が必要であるといわれる。というのも、パーム油は、収穫直後から油の劣化が進行するために、収穫後二四時間以内の搾油が必須条件となる。つまり、プランテーションの近隣に搾油工場がなければならない。この工場経営の採算がとれる最低限の作付面積が三〇〇〇ヘクタールというわけである。実際には、一つのプランテーションで数万ヘクタールの規模をもつものも多く、そうなると必然的に計画地区内に多数の村々を含みこむことになる。

さて、こうした大規模なプランテーションが出来ると、収穫した果実を短時間で工場に運ぶために、当該地区内には農道がはりめぐらされる。それは当然、都市へとつながっている。地域住民がプランテーションにもっとも期待するのは、この道路ネットワークである。佐々木（一九九九）は、インドネシア・カリマンタンにおけるオイルパーム・プランテーションの広がりを、「河川と森林伐採の時代」から「道路とプランテーションの時代」への変化と表現したが、地域住民はまさに、道路とプランテーションをセットのものとして考えているのである。

そして、奥地に行けば行くほど高くなるもうひとつの期待として、雇用の創出がある。とくに、かつて商業的木材伐採がおこなわれていた地域においてこの傾向は強い。ところが、実際には、地元先住民の就業機会が、オイルパーム・プランテーションにはほとんど存在しない。これはどういうことなのだろうか。

ここでは、一九九八年に開発が始まったブラガ上流のオイルパーム・プランテーションにおける労働者構成の事例を紹介しよう。

民間資本が開発したこのプランテーションは、五三〇一ヘクタールの面積をもつ。会社の内部資料、およびアシスタント・マネージャーへの聞き取りによると、二〇〇七年八月現在での労働者の総数は六五七人で、そのうち六三二人（九六・二％）が外国人労働者である。そのほとんどすべてが三年契約のインドネシア人労働者で、エスニシティあるいは出身地としては、サンバス、ブギス、ジャワ、マドラ、ティモール、ビマなど、多様である。

アシスタント・マネージャーの話では、収穫現場で働くのは一〇〇％インドネシア人であるという。その就業内容は、果実の収穫、運搬用トラクターの運転、農薬散布、下草刈り、施肥などで、一カ月の平均収入は四五〇リンギット前後（一万六〇〇〇円前後）であるという。一方、わずか数％を占めるにすぎない地元労働者の就労は、大型トラックの運転手、メカニック、売店店員などに限られ、現場に出る作業は少ない。エスニシティとしては、地元のイバン人とクニャ人がほとんどで、月平均収入は六〇〇リンギット前後である。このほか、経営に直接かかわるマネージャークラスが数人いるが、多くは高学歴の華人やマレー人で、半島やサバ州の出身者も含まれる。

このプランテーションには、搾油工場もある。こちらは、スタッフとよばれる職員が二五人で、工場内での契約労働者が三〇人である。工場内の労働は二シフト制で、平均月収は六〇〇リンギットという。労働者の九〇％は、やはりインドネシア出身で、サンバス・マレー人とジャワ人が多数を占め

写真2　オイルパームの収穫作業

写真3　トラクターによるオイルパームの運搬

る。スタッフとよばれる二五名の職種としては、技術職や管理職・総合職が中心で、一〇〇%マレーシア人であるが、都市や半島の出身者が多く、地元先住民の参入はごく限られている。

先述のとおり、内陸の一部地域ではオイルパーム・プランテーション開発による雇用の創出に期待する先住民が少なくない。しかし、そこには地元先住民が参入する余地はほとんどない。むしろ、より安価なインドネシア人労働者の流入は、地元先住民のフラストレーションの一因ともなっている。

## 三　アカシア・プランテーション

### 新たな土地開発プロジェクト

一九九八年、サラワク州の首相マハムド・タイブは、天然木材の生産はピークを過ぎたとして、一〇〇万ヘクタールのアカシア・プランテーション計画を明らかにした（Chan *et al.* 1998；*Asian Timber*, April 1998, p. 6）。

アカシア・マンギウムは、一九八〇年代になってからプランテーション木材としての価値が認められた（*Asian Timber*, May 1997, p. 24）。当時は、角材や合板材を中心にさまざまな用途に適した木材として注目され、一五年で伐採可能になるとされていた。しかし、近年サラワクで進められているアカシア・マンギウムの植林は、基本的にパルプ材の産出を目的としている。

パルプ材の場合は、木の太さや形状は問題ではなく、一定範囲内でどれだけの量の材がとれるかということが重要になる。したがって、間引きや間伐の必要もなく、むしろ密に植林するほうが、雑草が生えにくく除草の手間が省ける。サラワクで利用しているアカシア・マンギウムは、オーストラリア、パプア・ニューギニア、インドネシアのスマトラ島などから輸入したもので、地味の痩せた土地でも成長し、伐採後も同じ場所でくり返し植栽が可能とされる。また、パルプ材としては七〜八年で伐採可能になる早生樹でもあり、効率的・持続的なプランテーション経営が可能な樹種としておおいに期待されている。

サラワクでアカシア・プランテーション開発が始まったのは、一九九〇年代末である。これまでのところ、ビントゥル地区で四九万ヘクタール、カノウィット地区で九万ヘクタール、カピット地区で二万五〇〇〇ヘクタールの開発が進められており、それ以外にも各地で小規模(といっても、数千ヘクタールの規模)のプランテーション開発がおこなわれている。

現在、サラワクにあるアカシア・プランテーションのうち最大規模のものは、ビントゥル地区でA社が開発している四九万ヘクタールのプロジェクトである。これは、福岡県や千葉県の面積にも匹敵する広さで、マレーシア最大のプロジェクトでもある。もちろん、それらの計画地は多くの村々や町をも含みこんでいるので、[2]すべてがアカシア・マンギウムで埋め尽くされるというわけではない。具体的には、保全区域が一五万ヘクタール、先住慣習地が一一万ヘクタールなどとなっており、実際にアカシア・マンギウムが植えつけられる面積は、全体の計画地の半分弱にあたる二三万ヘクタールである。しかし、それでも、ひとつのプロジェクトで東京都を上まわる面積がアカシア・マンギウム一色になるのである。

図4は、A社が開発しているプランテーションの概要図である。破線で囲まれた計画地のなかには、

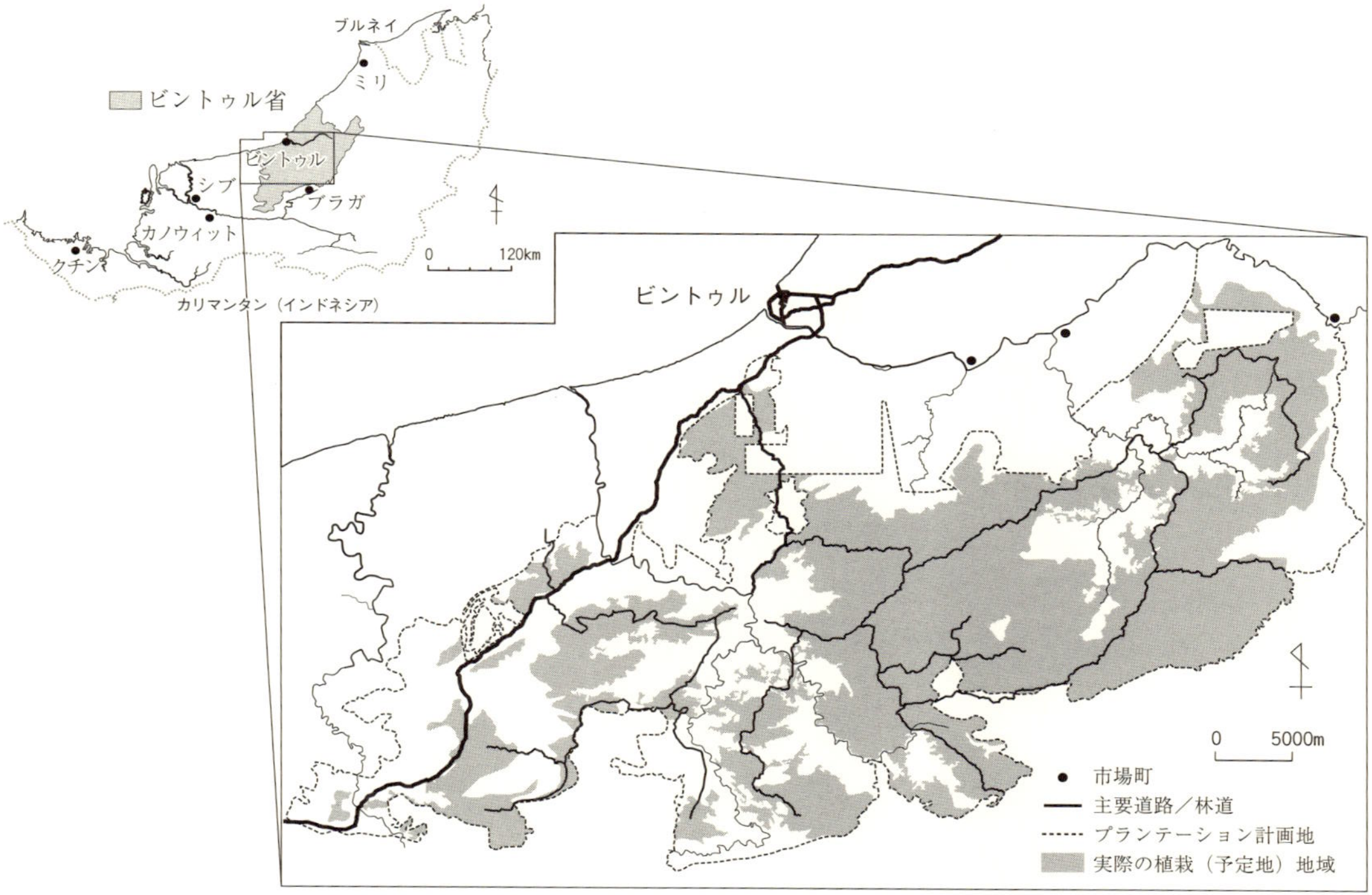


図４　A社のアカシア・プランテーション計画図

（Kedit and Chang n. d. およびA社資料より筆者作成）

東部地区の一部と西部地区において空白地帯が目立つ。A社では、これらの空白地帯の一部を保全地区あるいはポケット・フォレストと呼んでいる。森林環境の保全を目的にこれらの地域を開発しない場所として残しているという説明である。しかし、A社の職員も話しているように、これらの空白地帯には、植林事業にとっていくつかの問題を含む場所もある。具体的には、先住民との間で土地紛争の起こっている場所や、湿地帯でそもそもアカシア・マンギウム植林には不向きな場所である。また、河川沿いの土地や傾斜三〇度以上の急峻な場所は植栽が困難であり、また土壌侵食の危険性が高いと

写真4　アカシア・プランテーション予定地（その向こうはオイルパーム・プランテーション予定地）

写真5　植栽約1年後のアカシア・マンギウムの若木

して、サラワク州自然資源環境局から開発を禁止されている。それ以外にも、オイルパームの植栽予定地や商業地区建設予定地として開発が保留されている場所もある。要するに、保全と表現される場所の多くは、法的に開発が規制されていたり、土地問題が解決していなかったり、あるいは植栽・伐採が困難で採算がとれない場所であり、必ずしも環境保全を優先した考えばかりではない。

## 巨大プロジェクトの背景

じつは、このプロジェクトには、やや生臭い背景がある。A社がこの地域の開発に着手する前の一九九〇年代末に、ある民間資本がビントゥル地域においてアカシア・マンギウムの植林を始めた。その開発の過程で、企業が先住慣習地に不当に侵入し開発を強行したとして、九九年に当該地域のイバン人が裁判に訴えたのである。二〇〇一年にサバ・サラワク高等裁判所が下した判決は、原告側のイバン人が勝訴するという、それまでにない画期的なものであった。その判決文においては、「イバンとは何か」、「村の領域とは何か」といった、エスニシティ概念や領域概念の検討を周到におこなっただけでなく、植民地期以降の土地制度と先住民の慣習的利用との整合性を確認し、さらに「先住民族の権利に関する国際連合宣言」(草案)にも照らし合わせたうえで、当該地域における企業の土地開発、およびそれに許可を与えた土地測量局の判断に誤りがあったと結論づけた。

この裁判における判決と直接関係があったのかどうかは確認できないが、敗訴した企業はその後倒産し、アカシア・プランテーション開発は頓挫するかに思われた。しかし、先述のとおり、アカシア・プランテーションは、州政府にとってもきわめて重要な新産業として期待されていた。そこで、この企業が倒産したあと、州の森林局がこのプロジェクトを引き継ぎ、さらに計画面積を拡大して、より大規模なプランテーション開発を推進することになった。そして、この事業の外部委託先企業がA社であった。

州政府あるいは森林局としては、新たな外貨獲得手段として、このプロジェクトを州の生き残りをかけた、きわめて重要なものと考えている。一方、この事業の遂行を担当するA社は、サラワクを代表する三つの木材伐採企業の合弁で作られた企業であり、母体となる伐採企業としても、経営の基盤を天然林から人工林へと移行できるかどうか、きわめて重要な意味をもつものである。つまり、州政府、森林局、伐採企業あげてのプロジェクトであり、それぞれにとって失敗は許されない。

A社は、先住民との土地をめぐるトラブルを極力避けるために、一九六〇年代前半に撮影された空中写真をもとに、先住慣習地と州有地との境界を判定するという作業をおこない、先住慣習地は基本的に利用しないという姿勢をとっている。一九五八年土地法の基準からすれば、それよりも数年遅い空中写真を使っているという点で、A社としては先住民に対して大きく譲歩したと考えている。

## 州有地利用で先住慣習地の問題は避けられたか

地図の空白地帯には、いまだに先住慣習地の土地境界をめぐる問題が片づいていない地域が含まれている。ただ、大多数の先住民は、一九五八年土地法について一定の知識をもっており、「アカシアのせいで森の動物が減ってしまった」という不満をくりかえし口にしつつも、企業側が主張する境界設定を大筋で受け入れているようにもみえる。一見すると、州有地のみを利用し、先住慣習地を侵害しないという企業の姿勢をみせることで、一部地域を除いて土地問題はどうにか回避できているようにも思われる。ところが、先住慣習地をめぐる問題はそれほど単純でもない。むしろ、先住民慣習地を避けたことで、逆に先住民の不満が募ることもある。

アカシア・マンギウムのプランテーション地区内にあるいくつかの村をまわっていると、あちこちで先住慣習地利用の可能性について模索する声が聞かれる。「なぜ企業は我々の先住民慣習地を利用しようとしないのか」という声である。彼らは、アカシアが先住慣習地に来ないのであれば、オイルパーム・プランテーションの誘致を検討したいという。それらの住民は断片的にではあるが、オイルパーム・プランテーションは先住慣習地を利用し、その土地のリース料で一定の利益を得られるという知識をもっている。あるいは、自分でオイルパームを植えて、その実を売却することで現金収入を得ることも可能だと考えているのである。近隣に搾油工場がないので非現実的な考えであるが、内陸の先住民の村でも、アカシア・プランテーションの到来を機に先住慣習地の有効利用について考えるようになったといえる。

もうひとつ、内陸の先住民がしばしば不満としてあげるのは、「アカシア・プランテーションには仕事がない」という点である。A社の職員によると、現在雇用している労働者は、育苗場で約一〇〇人、植栽現場で約二〇〇〇人という。育苗場の労働者の八〇%は東ジャワ出身者を中心とするインドネシア人で、残りの二〇%が地元のイバン人やカヤン人である。一方、植栽現場の労働者はほとんどがインドネシア人で、現場監督やトラック運転手としてわずかにイバン人がいる程度であるという。

こうした現状を目の当たりにしている地元の先住民たちは、アカシア・プランテーションの開発は、村を囲むように進められているが、先住慣習地を避けていて、なおかつ就業機会からも排除されているという点で、自分たちと関係のないところで開発がおこなわれていると感じている。彼らがオイルパームの誘致を考える要因としては、このように、就業機会への期待もあるが、実際には、オイルパームが来れば就業機会が生まれると考えるのは、幻想でしかない。先述のとおり、オイルパーム・プランテーションにおける労働も、そのほとんどがインドネシア人によって占められており、地元先住民の参入の余地は極めて少ないからである。ただ、そうした事情を知らず、アカシア・プランテーションの進展のみをみている先住民たちは、「オイルパームのほうがずっとましだ」という感覚をもつようである。

写真6　アカシアの育苗場で働くインドネシア人

われわれは一言で「プランテーション」といってしまいがちであるが、オイルパームとアカシア・マンギウムでは、同じプランテーションといっても、その開発の場所や土地利用のあり方などにおいて、大きな違いが存在するのである。とくに、先住慣習地をめぐる問題は、木材伐採の時代から、つねに州政府および企業と先住民との間の軋轢の要因となってきただけに、各地域・各コミュニティにおいて一様ではない複雑な思いや対応が示されるのである。

表2　サラワクの国立公園・保護区の拡大

国立公園（National Park）

| 名　称 | 設置年 | 面積(ha) | 累積面積 |
|---|---|---|---|
| バコ国立公園 | 1957 | 2,727 | 2,727 |
| ムル国立公園 | 1974 | 52,865 | 55,592 |
| ニア国立公園 | 1975 | 3,138 | 58,730 |
| ランビル国立公園 | 1975 | 6,949 | 65,679 |
| シミラジャオ国立公園 | 1978 | 7,064 | 72,743 |
| グノン・ガディン国立公園 | 1988 | 4,106 | 76,849 |
| クバ国立公園 | 1989 | 2,230 | 79,079 |
| バタン・アイ国立公園 | 1989 | 24,040 | 103,119 |
| ローガン・ブノッ国立公園 | 1991 | 10,736 | 113,855 |
| タンジョン・ダト国立公園 | 1994 | 1,379 | 115,234 |
| タラン・サタン国立公園 | 1999 | 19,414 | 134,648 |
| シミラジャオ国立公園（第1次拡張） | 2000 | 1,932 | 136,580 |
| ブキット・ティバン国立公園 | 2000 | 8,000 | 144,580 |
| マルダム国立公園 | 2000 | 43,147 | 187,727 |
| ラジャン・マングローブ国立公園 | 2000 | 9,373 | 197,100 |
| グノン・ブダ国立公園 | 2001 | 6,235 | 203,335 |
| クチン・ウェットランド国立公園 | 2002 | 6,610 | 209,945 |
| プロン・タオ国立公園 | 2005 | 59,817 | 269,762 |
| ウスン・アパオ国立公園 | 2005 | 49,355 | 319,117 |

自然保護区（Nature Reserve）

| 名　称 | 設置年 | 面積(ha) | 累積面積 |
|---|---|---|---|
| ウィンド・ケーブ自然保護区 | 1999 | 6 | 6 |
| サマ・ジャヤ自然保護区 | 2000 | 38 | 44 |
| セモンゴッ・自然保護区 | 2000 | 653 | 697 |
| ブキット・ヒタム自然保護区 | 2000 | 147 | 844 |
| ブキット・スンビラン自然保護区 | 2000 | 101 | 945 |

鳥獣保護区（Sanctuary）

| 名　称 | 設置年 | 面積(ha) | 累積面積 |
|---|---|---|---|
| サムンサム野生保護区 | 1979 | 6,092 | 6,092 |
| ランジャック・エンティマオ保護区 | 1983 | 168,758 | 174,850 |
| プラオ・トゥコン・アラ保護区 | 1985 | 1 | 174,851 |
| サムンサム野生保護区（第1次拡張） | 2000 | 16,706 | 181,557 |
| シブティ鳥類保護区 | 2000 | 678 | 192,235 |

（Sarawak Forest Corporation ホームページ〈http://www.sarawakforestry.com/〉）

## 四　保護林と開発林のあいだ――森林景観と労働市場の二極化

大規模プランテーションの開発によって、原生林（一次林）や二次林は、明らかに狭小化している。オイルパーム・プランテーション地区では、焼畑に使うわずかな面積を残して、先住民たちは企業に先住民慣習地をリースしている。一方、アカシア・プランテーションは、州有地のみを開発するという名目ではあるが、そこは、先住民たちが狩猟や採集をおこなってきた場所であり、また政府の目を盗んで焼畑にも利用してきた場所でもある。そこに厳格な境界線が引かれ、先住民の森林利用の機会が失われつつある。

一方、こうした土地開発ばかりではなく、既存の森林の保護という部分でも、じつは過去十数年の変化には著しいものがある。表2は、サラワクの国立公園、自然保護区、鳥獣保護区の面積の経年推移を示したものである。これをみると、森林保護区域の設定も、一九九〇年代以降、急速に拡大していることがわかる。(3) こうした場所でも、やはり先住民による森林利用が制限される。これらの傾向を見ると、金沢（二〇〇一）が危惧していたように、サラワクの森林景観の二極化（開発地区と保護地区の明確化）が現実のものとして確実に進行していることがわかる。そして、そのいずれにも入りこめない先住民の姿がある。

確かに、先住民は残されたわずかな先住慣習地で焼畑をやっていけるようにもなった。それは、肥料や農薬の普及によるところが大きい。多くの地域では、一世帯につき数エーカーほどの比較的狭い範囲でも、短期間の休閑と焼畑利用をくり返して生きていけるようになった。ただ、彼らの現在の生活は、森林から切り離されているようにもみえる。焼畑先住民が古くから二次林に強く依存してきたということは、これまでの研究でも明らかにされているが、その生業の場としての二次林の重要性が、彼ら自身のあいだでも徐々に忘れ去られつつあるのである。そして、いざという時に重要な意味をもっていたはずの資源豊かな原生林は、開発によって物理的に消失するか、保護区域として人間を排除する空間へと変貌しつつある。

畑仕事をしている村の老人たちと話していると、しばしば「こんなちっぽけな焼畑はほとんどお遊びだ」と自嘲気味に笑う。彼らによると、若年層が都市に出て、村の人口が減少傾向にあるために、かつてほど広い面積の焼畑を作らなくてもよくなったし、それ以外の食料は森から採ってこなくても、家族からの仕送りなどで購入できるという。つまり、森林から切り離された形でも生活が成り立つようになったのである。それは安定した生活だといえるのかもしれないし、あるいは豊富な原生林・二次林に依存した生活こそが安定を確保するという見方のほうが正しいのかもしれない。この点は価値観の相違である。しかし、生活基盤としての森林の「分厚さ」とでもいうべきものが失われているのは確かであろう。

都市に出ていく若者たちの話題になると、「将来、いったい子供たちのうちの誰がわれわれの面倒をみてくれるのだろう。彼らはこんな村に戻ってくるのだろうか」と不安げに語る老人たちが多いのも印象的である。たしかに都市には強いプル要因が存在しているが、村側の視点だけでみていると、開発林と保護林という新たなカテゴリーの森林にはさまれて、先住民たちが押し出されていくように思えてならないことがある。そして、開発林の周辺では、地元先住民との接触がほとんどない新たな人びと、つまりインドネシア人労働者が大量に流入している。このことは何を意味するのであろう。

じつは、村の老人たちも、村にずっと住みつづけてきたというよりは、ときどき都市や木材伐採現場に出て、数カ月から数年単位の契約労働で現金収入を得ていた人がほとんどである。村の老人たちのなかには、木材伐採のころは良かったと言う人が少なくない。木材伐採の仕事は、想像以上に多種多様な内容に分かれている。木材を切り倒したり、樹皮を剥いだりする仕事のほかに、森林の経済的価値を算定する調査員、ブルドーザー、ショベルカー、グレイダー（地ならし機）、ダンプカーなど各種重機の運転手、伐採した木材の直径や重量を測る計測係など、多岐にわたる。また、それぞれの仕事にも経験と知識に応じた階層があり、給与体系も非常に細かく設定されている。それらは、半熟練的な労働ともいえる仕事の内容である。この点がプランテーションにおける単純労働と大きく異なる。もちろん木材伐採現場でも、樹皮の剥ぎ取りなどのごく末端の単純労働に、インドネシア人の流入があったのは事実だが、それ以外の部分で、インドネシア人が簡単には参入できない半熟練労働の機会が豊富にあったのである。

しかし、現在の開発フロンティア、つまりプランテーション地区における就業には、それほど細かい作業分類はなく、より安価なインドネシア人労働力が組織的に導入されている。つまり、管理監督側と契約労働者側に大きく二分されていて、そのどちらにも参入できない地元先住民がフラストレーションを抱えているのである。いわば、労働市場においても二極化が進行し、地元先住民はその狭間から押し出されるかたちになっている。

これまで騒がれてきた環境問題を考えれば、「伐採の時代は良かった」などという先住民のつぶやきに簡単に賛同することはできない。しかし、ここ十数年の土地開発の波をみていると、そんな愚痴にも頷けるのである。彼らは、森林から排除され、そして内陸地域における労働市場からも排除されつつある。行き場を失った先住民は都市に向かう以外にないように思われるが、それは消極的な解釈に過ぎるだろうか。

注

（1）サラワクの内陸焼畑民を先住民とよんでよいかどうかは議論の余地があるが、ここではサラワク州の法律等で使用される native という語に対して、便宜的に先住民という言葉を使う。

（2）A社の資料によると、このプランテーション地区内には、二五四の村（ロングハウス）があり、およそ五〇〇〇世帯が生活している。

（3）国立公園の拡大のひとつの目的としては、エコツーリズムの推進がある。サラワクでは、エコツーリズムも木材輸出に代わる重要な外貨獲得手段として位置づけられ、さまざまなキャンペーンが展開されている（祖田 二〇〇五）。

参考文献

岩佐和幸　二〇〇一a「途上国における国際農業開発プロジェクトとアグリビジネス――オイルパーム開発事業とグローバル・パーム・コネクション」、中野一新・杉山道雄編『グローバリゼーションと国際農業市場』二二五―二五一頁、東京：筑波書房。

――――　二〇〇一b　「マレーシアにおけるパームオイル市場の形成とアグリビジネス」『農業市場研究』九（二）（通巻五二号）：六二―六七。
岡本幸江（編）　二〇〇二　『アブラヤシ・プランテーション　開発の影――インドネシアとマレーシアで何が起こっているか』東京：日本インドネシアNGOネットワーク。
加治佐敬　一九九六　「『余剰のはけ口』理論の再考と半島部マレーシアへの適用」『アジア経済』三七（一）：二―二一。
神波康夫　二〇〇三　「マレーシアにおけるオイルパーム・バイオマス廃棄物利用の現状と可能性」『森林学誌』一八（三）：一〇三―一〇八。
金沢謙太郎　二〇〇一　『生物多様性消失のポリティカル・エコロジー――サラワク、バラム河流域のプナン集落における比較調査から』『エコソフィア』七：八七―一〇三。
佐々木英之　一九九九　「転換期にあるカリマンタン――『森林伐採フロンティア』から『土地開発フロンティア』へ」『Tropics』九（一）：七三―八二。
祖田亮次　二〇〇五　「マレーシア・サラワク州をめぐる国際労働移動」、石川義孝編『アジア太平洋地域の人口移動』二九九―三二六頁、東京：明石書店。

Chan, B. *et al.* (eds.) 1998. *Proceedings of Planted Forests in Sarawak: An International Conference.* Kuching: Forest Department Sarawak, Sarawak Timber Association and Sarawak Development Institute.
Dove, M. 1985. Plantation Development in West Kalimantan I: Extant Population/Lab Balances. *Borneo Research Bulletin* 17(2): 95-105.
――――. 1986. Plantation Development in Kalimantan II: The Perceptions of the Indigenous Population. *Borneo Research Bulletin* 18(1): 3-27.

Kedit, P. M. and W. W. S. Chang. n. d. *Peoples of the Planted Forest : Sarawak. Kuching* : Forest Department Sarawak.

Land and Survey Department Sarawak. 2002. *Laporan Statistik Suku Kedua Tahun 2002 Bagi Tanah Ladang.* Kuching : Land and Survey Department Sarawak.

Soda, R. 2003. Development Policy and Human Mobility in a Developing Country : Voting Strategy of the Iban in Sarawak, Malaysia. *Southeast Asian Studies* 40(4) : 459-483.

UNCTAD. 2003. *Commodity Yearbook 2003.* New York : UNCTAD.

# 終章　東南アジアの森と暮らしの変化

山田　勇

私がはじめて東南アジアへ入ったのは一九六五年、タイ、カンボジアをまわり、マレー半島を下ってシンガポール経由で帰国した。一応モンスーン林と熱帯雨林をザーッとみることができ、その後、一九六九年にインドネシアへ留学する際にも、もう一度タイとマレーシアをみてボゴールへ入った。当時は、それほど熱帯林問題はさわがれておらず、伐採することもそれほど抵抗なく受け入れられていた。

その後、四〇年の月日が流れ、この間に東南アジアの森は北から南まで激烈な変化を経験した。かつて美林におおわれていたボルネオでは、伐採、森林火災、大面積開発により、大きく様がわりした。大陸部のモンスーン林も多くが失われ、農地や人為空間に変化していった。

失われゆく森の生態空間がふえるにつれ、その方向を修正すべしとする動きが始まった。一九八〇年代は、こういった動きがピークに達した時代であり、一九九二年のリオデジャネイロでの国連環境開発会議（UNCED）で世界の世論は、熱帯林問題を大きく取りあげた。しかし、その後、熱帯林の話題は消え、テロや北方林の保全問題へと話は移っていった。しかし、現実には、熱帯域での伐採にともなう問題は綿々と続いており、地球環境問題において大きな課題であることにかわりはない。

ここでは、私のみてきた四〇年間の熱帯林を中心にした動きについて概観し、今後のあるべき姿を考えたい。

## 一　一九七〇年と二〇〇七年九月の東カリマンタン

私がはじめてカリマンタンへ入ったのは、一九七〇年の一月である。当時、フィリピンの良材を切りつくした企業はインドネシアへ移り、コンセッション（伐採権）を確保して、東カリマンタン中心に伐採をおこなっていた。私はバリクパパンへとび、知り合いの商社の森をみせてもらった。サマリンダまでの道はまだ四〇キロしか通じていず、まわりは天然の原生林が残っていた。私たちは雨季でドロドロになったぬかるむ伐採道路を進み、森のなかへ入った。当時はチェーンソーを使っていない業者もあり、板根の上にやぐらを組んで斧で伐採しているところもあった。林道沿いに両側二キロ内にある直径六〇センチ以上の木が伐採されていった。ためしに一本伐ってもらったフタバガキ科の高木は、そのあたりでは中位の大きさであったが、それでも樹高は六三メートルあった。

現場で伐採された木材は玉切りにされ、ローリー（木材運搬用の大型トラック）で川岸の土場まで運ばれ、そこから筏に組まれたり、バージ（荷物運搬船）に載せられて港まで運ばれ、そこに停泊中の貨物船にのせられて、主として日本へ送られていった。ジャカルタの商社事務所では日本からくる船の予定と、こちらの材の出荷状況などの情報が電話ごしに大声でやりとりされていた。

ボゴールのハーバリウム（植物標本館）で仕事をしていた私は、機会あるごとにインドネシア各地をまわったが、どこでもまだいい森は残っていたのである。

二〇〇七年八月、私は、何年かぶりに東カリマンタンへ入った。バンジャルマシンまで飛び、そこからアムンタイ、バリクパパン、サンクリラン、サマリンダ、ムアラワハウ、タンジュンレデブ、タンジュンセロール、そして北の端のマリナウまで、車で走り、時にはボートで上流までさかのぼった。

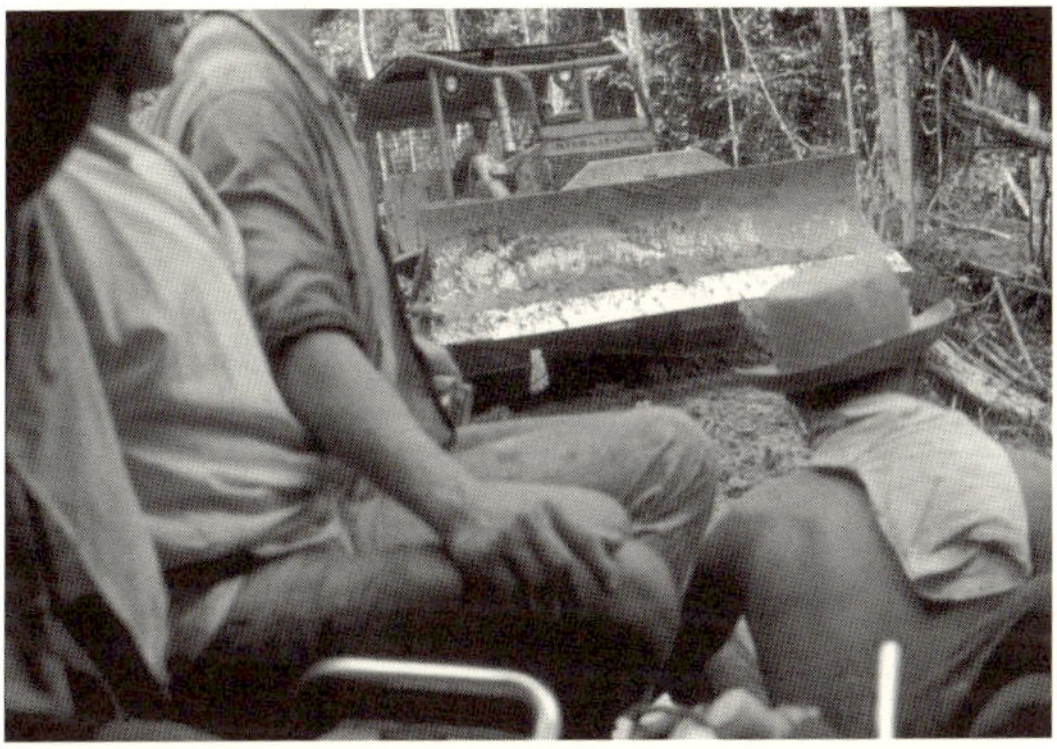

写真１　1970年１月の東カリマンタンの伐採場

そのちょうど五年前に私はタンジュンセロールまでの同じ道を走っていて、その変化をみたかったのである。二〇〇二年当時、インドネシアは地方分権制がしかれ、地方が活気づいている時であった。人びとはそれまで中央におさえられていた権利を自分のものとし、喜んで伐採をすすめた。小さな製材所が林立し、そこへ近隣の森から伐られた材が持ちこまれ、製材されて、どこかへ消えていった。どの村にも、入口と出口周辺に五～一〇軒くらいのこういった小製材所があったのであるが、二〇〇七年には、ほとんど姿を消していた。その代わりに、新しい家が道沿いに立ち並び、インドネシア各地から人びとがやってきてすみつき、生活を始めていた。ムアラワハウの村は、ホテルやレストランもでき、広大なオイルパーム園が広がっていた（写真2）。

ムアラワハウからタンジュンレデブへの道沿いには、二〇〇二年にはまだいい林が残っていた。道端の森を伐り、焼畑をする風景にも迫力があった。しかし、二〇〇七年にはもはや迫力のある焼畑はみられず、マカランガの優占する二次林を伐って焼畑をルーティン化していた。

写真2　2007年夏，マリナウ近くに造成中のオイルパーム園

タンジュンセロールからマリナウへの道は最近出来たばかりで、二〇〇七年にはじめて通った。アスファルトは出来て三年めというのにもう傷みが激しく、マリナウまで一〇時間の悪路の旅であったが、周辺の焼畑は二〇〇二年のムアラワハウと同じくらい迫力があった。急斜面に生える高木を伐っての、大面積の焼畑がまだみられた。しかし、ここもおそらく、あと五年経てば、ムアラワハウ周辺と同じように、ごくふつうの焼畑とオイルパームに代っていくであろう。マリナウから北への道には、焼畑後にアカシア・マンギウムが植えられていた。かつての陸稲だけという時代は去っていったのである。

町の変化も大きい。バリクパパンは、一九七〇年には、まさに木の桟橋があるだけで、ビルはまったくなかったが、今は多くのビルが立ち並び、高級ホテルもできて活況を呈している。物価は高く、車の借り賃もガソリンの高騰でこれまでの二〜三割高になっていた。

東カリマンタンのこういった主要幹線沿いにすむのは、むろん地元のダヤクの人びともいるが、ほとんどがプンダタン（外来者）である。ジャワをはじめ、スラウェシ、ヌサトゥンガラ、スマトラなど、パプア以外の各地からやってきてすみついている。集団移民政策（トランスミグラシー）でやってきた人もいれば、ムランタウでやってきた人もいる。そんな人びとが集まる場の特徴は、すべてが実に自由であるという点である。これは、サバやサラワクにも共通することであるが、人びとは、生きる糧をもとめて、自由に気楽に行き来をする。古い伝統や格式などとはまったく無縁で、すべてが生きていくための作業についやされる。ややこしい話は一切ない。きわめて自由な競争社会が随所にみられるのである。

## 二　一九六五年のタイとその後

一九六五年、はじめての海外調査はタイであった。シダ研究の田川先生（当時京都大学理学部）が植物採集に行くというので荷物もちについていったのである。バンコクまで船でいき、バンコク周辺のマングローブ地帯、サケラート、北タイのドイステープ周辺、南タイのカオチョンなど、当時としては短期間によくまわり、一通りの森林タイプをみることができた。この頃もまだ森林伐採問題は深刻ではなかったが、北タイのメオ族の焼畑による破壊をくいとめるために、王室プロジェクトをはじめとするさまざまなプロジェクトが動きはじめたころであった。もっとも印象的な風景は、本来ならば山地林があるはずの北タイの尾根筋から斜面にかけてが一面の草原になっていたことであった。この草地にマツを植えて植生の修復をはかることがようやく始められようとしていた。

それから数十年の年月をへて、このあたりの景観は一変した。かつての草原は、緑のマツ林となり、かつての風景を思い出すのも難しい感じであった。また山地民の人びとを支えていたケシ栽培のかわりに高原野菜や花の栽培が王室プロジェクトを中心にひろくいきわたり、それが成功して、空港やチェンマイの町で、それらの成果物が売られていることであった。はじめて山地の草原を見たとき、この回復は難しいだろうという気持ちでいたのだが、数十年の年月の努力が見事に実を結んだのである。

そしてさらに、新たな方向として、地域住民によるエコツーリズムの振興があった。それまでは、自分たちの村だけで生活をしていた山地民の人びとが、村とその周辺の資源をつかって、外から観光客を招き入れ、川沿いの小さな小屋で宿泊、村の畑や森、村の住宅などをめぐって、一味ちがう世界を味わってもらおうというものである。このエコツーリズムへやってくるヨーロッパ系の人びとはそれほど多くはないが、エコツーリズムの本来の理想からいえば、それでいいのである。ごく少数の人がやってきて、静かに別世界にひたり、またもとの世界へ戻っていく。これによる収入も、そう大きいわけではないが、それもそれでいいのである。日々の生活に少しのうるおいができればいい。われわれ日本人は、そんなことで商売が成り立っていくのだろうかと思いがちだが、モンスーン地帯ではどこへいっても、こういったつつましやかな生活が営まれている。大量にとか、大勢のとかいう修飾語は存在しないほうがいいのである。森の生活は、材木というもっとも大きな商品以外は、みなきわめて質実な資源をつかって成り立っていたのである。

東南アジア島嶼部にひろがる熱帯雨林にくらべて、大陸部東南アジアの森は、明白な乾季があることで区別される。二〜四カ月の間、まったく雨の降らない時期があり、その間、森はいっせいに葉を落とす。熱帯雨林の濃緑の世界に対し、この時期のモンスーン林は茶色の世界である。この時期の森はじつに暑い。ふつう森の中へ入ると温度が緩和され、きわめて心地よい適温となる。とりわけ熱帯雨林の下では何層にも重なる樹冠によって熱帯の太陽光線がやわらげられ、快適な条件となる。しかし乾季のモンスーン林ではカラカラにかわき、温度は四二度にもなって、はなはだしい暑さになる。

写真3　雲南の花腰タイ族のはなやかな衣装

このような条件下に育つ木々は、熱帯雨林のものよりも、硬い良材を生み出す。チークがその代表であり、この芳香のある硬く、しかし造作のしやすい良材はひろく船材として、また最近では高級家具や床材として使われている。チーク以外には紫壇、タガヤサシ、紅木など、濃い色をした重硬な材を産出し、やはり床材や高級家具の材料として、使われている。熱帯雨林の代表的な樹種群であるフタバガキ科の多くは通直な幹をもつが、モンスーン林のそれは凹凸が大きく、かつねじれ、ゆがんで生長するものが多い。乾季の暑さに対して、もがき苦しみつつ生長する姿がここにみられ、それがこれらの良材を生むのである。

モンスーン林にすむ人びとは、はれやかである。熱帯雨林の人びとは地味で衣装も茶色を中心にしたくすんだ色のものが多いが、大陸部の人びとは赤や藍など色とりどりのはなやかな衣装を身にまとって毎日の生活をおくっている（写真3）。一九六五年当時は、そんなはれやかな衣装のままで農作業にいそしむ山地民の人びとがふつうにみられた時代であった。今ではそう簡単にはみられなくなったが、少し奥へいけばかつてのよき時代を想起させる風景が展開する。

モンスーン林のかくれた味はその広がりである。東南アジアのモンスーン林は大陸部東南アジアだけでなく、中国、インドをへて遠くアフリカにも広がっていく。広さという点では、熱帯雨林の緑辺にひろがるモンスーン林は、この地球上でもっとも広い地域にまたがって分布している。

## 三　資源空間としての熱帯雨林

森という空間は、人間にとってどのような意味があるのか。その変遷をたどることは、森のもつ意味を再考するために必要なことでもある。

東南アジアの森は、世界でももっとも豊かな森である。アマゾンや中央アフリカの森は面積こそ広いが、材の質や生物資源の豊かさでは、東南アジアに劣る。その東南アジアの森で、もっとも特長的な資源はフタバガキ科が島嶼部に、チークが大陸部に存在することであった。世界のどこをさがしても、この二つの樹種群のような良材はみあたらない。しかし、この良材があるがために、ここ五〇年ばかりの間に、東南アジアの森は大きな変化をうけてきた。

まず、熱帯雨林世界をみてみよう。はじめに述べた一九七〇年のカリマンタンはまだ手つかずの森がほとんどであった。人びとは川沿いの村にすみ、毎日のように森へ入って日々の食料を得ていた。ボルネオではプナン人のみが山地に深く入り、狩猟採集の生活をしていた。ダヤクの人びとは、焼畑や湿地田稲作をおこない、まさに持続的な生活をおこなっていた。

そこへ伐採が入ってきた。伐採は、まず、道作りから始まる。ブルドーザーとチェーンソーが熱帯雨林の森を切りくずしていく。森の中に巾一〇メートルの幹線林道が出来、そこを軸に、良材を求めて、ブルドーザーの入れる小林道が網の目のように広がっていく。平地林から、丘陵林への開発の波は、丘の斜面を削りとり、その土砂が、それまで清流であった河川に落とされる。森の現場は大混乱を引きおこしていったが、一時的な攪乱は、何年かすれば治まり、またもとの森にもどっていく。しかし、道が出来ると、必ず、人が入ってくる。

人びとは、遠くからやってきて、幹線道路沿いに入植する。そして、道の近くに掘ったて小屋をたて、まわりの二次林を焼いて畑にしていく。この作業行程が広くみられたのが、一九七〇年から八〇年にかけてである。幹線林道は四〇トンの材を積んだローリーが爆進するため、きわめてしっかりと固められたいい道路となっている。地元民や入植者は、やがて、この道を川にかわる交通網としてつかうことになり、一九九〇年には、それまでまったく道のなかった熱帯雨林内に、新たな交通道路が出来あがったのである。

それまで、ほとんどの人びとは川ぞいにすんでいた。昔は手漕ぎのカヌーで一カ月かけて中流の村までやってきたという話も何度もきいた。川ぞいの村は、今でもボルネオの典型的な風景であり、そこでは前面に川、周辺に焼畑、そしてそのまわりに休閑二次林、そのさらに奥に原生林という景観がみられる。そしてこの川と川の間の大きな面積をしめる場が、伐採の対象となってきたのである。

一九六九年当時、東カリマンタンの森林のほとんどは、すでにコンセッションに区画され、大量の材が日本中心に送りだされていた。マハカム河下流のサマリンダは、その基地として、人びとがあつまり、材の取引きがおこなわれた。東カリマンタンではクタイの国立公園のみが自然保護地として残された。

その後、一九八三年に大森林火災が東カリマンタン一帯をおそった。残されたクタイの森もこの火事で多くが焼けた。一度焼けた森は回復がむつかしく、かつ、何度も火が入りやすくなる。一九九〇年から二〇〇〇年にかけては、泥炭湿地林の火災も頻発し、その煙がヘイズ（煙害）となって、周辺諸国に及び、森から発する煙によるこれまでになかった災害をもたらした。森はそれまで、材や小型森林産物を生みだすプラス要素の場であったが、この煙害と同時に、さらに森にすむ人びとへの生活権や人権の侵害問題が発生し、森の価値は単純にプラス方向ばかりとはいえなくなった。

とりわけインドネシアでは政治的な腐敗と森林開発とのからみで多くのスキャンダルが生まれ、熱帯林のマイナスイメージは倍加した。

そして、今、カリマンタンに広がるのは、オイルパームと産業造林による早成樹種の植林地帯である。この二つの動きは、複雑な生態系をもつ熱帯雨林地帯をきわめて単純な空間へと変化させてしまった。延々と広がるオイルパームの世界は、パーム油が今、地球にやさしいなどとされていることから、ますます広がりつつある。オイルパームのみえない熱帯雨林地域をさがすのは実に難しい。

オイルパーム園では、小ぎれいな宿舎がたてられ、まわりには、サッカー場やモスク、小学校もつくられ、数千人規模の人びとが安い給料で働いている。マレーシアのサバの農園で働くのはほとんどがインドネシアからの出稼ぎである。一日八・五マレーシアドル（約二二〇円）という薄給も、インドネシアで得られる給料よりはよい。伐採がさかんだったころには大勢のインドネシア人が国境を越えて、サラワクの製材工場や伐採現場で働いた。そのため、わざわざ国境に近いところに大工場を建て、インドネシア人を吸収した。

こういった大規模な人の移動とは別に、ずっと昔から人びとは生活の糧を求めて、島から島への移動をおこなっていた。そのつづきが、今も新しい幹線道路が整備されるとやってくる人びとである。そのなかで成功した人びとは何軒も家をもち、自由に行き来をくり返す。うだつのあがらない者は、貧困のなかで、次々と場をかえて、よりよい条件を求めていく。

大型の資源が大量に動き、それにともなって大勢の人びとが動く。これがカリマンタンのフタバガキ科樹種伐採にともなう動きであり、この結果として、河川とは別の交通網ができ、今、人びとはその道路網を利用して、さらに自由に動いている。これがひとつの熱帯雨林の現状である。そのおかげで、生活空間は広がった。それまで入れなかったところまで道が入り、焼畑をする人びとも、トラックに乗って動き、大面積の焼畑をおこなうようになった。

また、それとは別に、より小さな資源を求めて動く人びとがある。小型森林産物と総称される無数の稀少資源を求めて、森の奥深く入る人びとである。そのなかで、高価で取引きされるため、多くの人びとを動かしているのがツバメの巣と沈香《じんこう》である。ツバメの巣は最近空きビルを利用して営巣させて採集していたりする。ここでは沈香について、少しくわしく述べてみたい。

## 沈香採集の現場から

沈香は、熱帯雨林が生んだ宝玉である、と私は考えている。アクイラリア属の数種をはじめとして、何種類かの芳香性のある成分を傷害部分に蓄積する性質をもつこの香木は、東南アジア熱帯雨林の小型林産物の王者である。私はここ二〇年ほど、ひそかな趣味として、この香木を追っているが、最近になって、ワシントン条約に組みいれられたり、異常な高値をよぶなどして、動きが変ってきたため、少し気を入れて本格的な総まとめをすべく、ここ数年、産出地から市場までをつぶさに見直そうとしている。ここ数年で、パプア、マルク、スラウェシ、カリマンタン、サバ、中東のオマーン、シリアなどをおとずれ、変化をみてきた。断片的にこの資源については書いているが、ここではもっとも新しい二〇〇七年九月の東カリマンタンとサバの情報を記したい。

はじめに述べた東カリマンタンの南から北までの一カ月の調査は、沈香のかつての中心地であった場が、パプアに移ったことで、どう変化してきたかを調べることがひとつの目的であり、もうひとつは人工植林の現状をみることであった。

噂では、もう、カリマンタンにはいい沈香はない、といわれていたが、現実には、まだあるというのが結論である。大河の河口の中都市のバンジャルマシン、サマリンダ、タンジュンレデブ、マリナウなどにはそれぞれ、数人の大手の商人がいて、森から持ってくる沈香を買いつけている。伝統的には、部下が多い人で一〇〇〇人から少なくても数百人いて、彼らがカリマンタン中の村から森に入り、一~二カ月すごして沈香をさがす。彼らは前金を受けとり（三〇〇万ルピー／人）、三〇キロ近い荷物をかついで森へ入る。近頃は川ぞいや道路のはしまで、ボートや車で送ってもらい、そこから数日歩いた森の中でベースキャンプをつくる。青色のビニールテントをつかい、タバコ、コーヒー、砂糖、油、塩、インスタントラーメンを大量にもっていく。ナベ、カマの台所用品と、オノ、山刀、沈香をこまかくけずる手製の彫刻刀数種などをもって入り、あいまに魚や鳥をとる。

探索はベースキャンプから一人ずつ別々にわかれて歩きだし、沈香木がみつかると、少し山刀で削ってみる。材に黒色部分がみつかると切り倒し、三〇センチくらいの玉切りにして、その場で辺材の部分をそぎおとし、中味の黒い部分をキャンプへ持って帰る。夜なべ仕事で一二時くらいまで、沈香部分だけを彫刻刀でそぎおとしていく。

沈香木はかなりの密度でみつかる。人によっては一日に数十本出会うが、そのうち中味のあるのは数本程度、時には何もないこともあるという。稚樹は多く、いくらでもあるというのが彼らの通り相場で、時折、かれらはそれらの稚樹を抜いて持ち帰り、植林する。

一~二カ月で採れる沈香は少なくて数キロ、多くて三〇キロくらいという。ドラム缶ほどの太さの木から沈香が二〇キロ採れたというのが今回の最高記録であり、昔にくらべると少なくなったとなげく人が多い。まわりを十分探索して、もうこれ以上はのぞめないと判断すると、テントをたたんでひきあげる。近頃はひきあげる時期も決まっていて、あらかじめ約束した日に迎えのボートや車を来させることもある。

集められた沈香は、即座に親方の元へ届けられる。親方は、密室でこれを格づけし、前金をさしひいて、あとは買いとる。今回はちょうど、断食月の始まる前であったため、多くの採集人が森から下りてきて、親方のもとへビニール袋に入れた沈香を持ってきていた。しかし昔のように大量に持ってくることはなく、ほんの数キロ程度のものが多かったし、かつ、「スーパー」とよばれる漆黒の重い沈香の最高級品はほとんどなく、二、三級品がほとんどであった。

しかし、今沈香値は、異常に上がっている。スーパーのもっともいいのは「トリプル」とか、「キング」とかいわれ、キロ当たり五〇〇〇USドルである。一〇年前には五〇〇USドルだったので一〇倍の値上がりである。いくらなんでも高すぎると思うが、二年前にシンガポールの業者が一挙につりあげたという。それ以来、業者は強気である。一時、ワシントン条約に組みいれられた時には、みな弱気になり廃業を考えているなどといっていたが、今は逆に高値のため、きわめて強気である。アラビアのロイヤルファミリーなどが好んでこの高価なスーパーを買うという状況は昔と同じである。

サマリンダで、ヘリコプターをつかって、大規模に商売をしていた一人の商人が破産した。これは、前金をわたした採集人が、沈香を他の商人に売ってしまったためである。値が高くなると、こういうことがよく起こるという。沈香の仲買人はみな若く、子供のころから父につれられて森へ入り、沈香の採集を覚えたという。

安物の沈香からは油を採る。一五キログラムの沈香木の白木部分を細かくくだいて煮出し、一〇cc

くらいの沈香油を採る。これが高値で売れるため、油用に沈香の成分を抽出していない幼木でも伐ってもってくるため、資源が枯渇しつつあるという業者も多い。とくにマタラムやヌサトゥンガラからきた採集人は、やたらと伐り倒すと地元の人から非難されている。ダヤクの人びとは、少し切って中味がないと五年くらい放置しておき、五年後に沈香成分の出たところだけを削って、幹は生きたままにしておくという。かつては何百人もの人が採集に入っていたが、今は絶対的な資源の不足で一時のいきおいがないが、沈香また綿々と出てきている。

マリナウでは、国境を越えてサバへ入り、沈香を集めて、インドネシアで売る。サバでは、ブルネイの森へ入ると、スーパーが手に入る。しかし、ブルネイではもし採集しているところを見つかれば、逮捕されるので、慎重にやらなければならないという。

タンジュンセロールでは、すでに二〇〇〇年から年次計画で、沈香を植えるプロジェクトが始まっており、二〇〇〇ヘクタールの沈香植林地が計画されている。また個人的にも自分のコショウ園の間や庭に植えている人も多い。誰もが将来的には人工植林の必要性を考えているようである。

帰りにジャカルタで、インドネシア沈香協会の会長に会い、今後の方針を議論した。彼はアンボン出身で二〇年近くこの仕事をし、将来的な沈香資源の枯渇を憂えている。この協会を盛りあげるために、セミナーを開きたいと考えている。

シンガポールには東南アジアの沈香を集めてアラブや中国や台湾へ売る問屋が一五軒ほどある。ここでも、資源の先行きは不安であるが、まだまだ商売は大丈夫であるという確信をもっていた。またこれまでのストックがあり、ある人によれば、良質の沈香を二〇トン持っている業者もいるという。

こういったストックは、森から持ちだされ、今シンガポールの倉庫に眠っており、高値をにらんで売られていく。八割方がアラブへいき、安物の多くは中国、台湾へいく。台湾の業者は、中国本土に線香を作る工場をつくり、中国でさばいている。日本へは、特殊な業者のみが介入するが，それは好みがむつかしいからという。

今回、沈香の取引きについてさかのぼれたのは一九六〇年代まででであった。当時はいくらでも資源はあったが値がなかった。一九七〇年代から八〇年代にかけて値がでてきて、当時は一カ月に数トンから数十トンを出したという。それに比べると今は、やはり資源量は大幅におちているが、まだまだなくなるようなことはないと誰もが楽観的である。あと一〇年たつと沈香世界はどうなるだろうか。今から楽しみである。

## 四　最適居住空間としてのモンスーン林

熱帯雨林は、深い緑におおわれた一大世界であり、そこにはつねに高い湿度が充満し、植物を育ててきた。高温多湿の気候条件は、植物には適しているが人間には不向きである。それにくらべ、モンスーン林とよばれる一帯は、より人間の居住空間に適している。常夏という言葉をあえてあてはめるなら、やや乾燥した常夏の世界が、東南アジア大陸部にひろがり、標高が高くなるにつれて照葉樹林へとつながってゆく。そしてその上はもう山地から亜高山帯に入る山の世界である。ボルネオの熱帯雨林の山はキナバル山の四〇〇〇メートル級が最高峰で、しかも独立峰であるが、大陸部のそれは、世界最大のヒマラヤ山脈へとつながっている。いわば、ヒマラヤという、巨大な氷と岩のビョウブのふもとをふちどるのが、照葉樹林であり、モンスーン林である。ここでは、照葉樹林そのものが居住空間に適しているのではなく、そのちょっと下あたりの落葉広葉樹林地帯がもっとも人間の生活にとって住みやすい空間ではないかという点についてのべたい。

私がいだく典型的なモンスーン林のイメージは、タイのチェンマイからドイインタノンをめぐって、メーサリアン、メーホンソンをまわる一帯やラオスのルアンプラバン付近の景観である。周辺の石灰岩の岩山を背景に、美しい川が流れ、その川原にはチークの原生林が残る。少し山へ入ると少数民族の人びとが晴れやかな衣装をまとっている。ちょっとした谷間には水田をつくり、丘では焼畑を営み、竹やチークをふんだんにつかった風情豊かな家屋にすむ。近くの寺からは毎日、托鉢に村々をまわる黄色い衣をきた僧がいる。人びとは僧を尊敬し、寺へ、貧しいなかから多くの寄進をする。ゆったりとした時間のなかですべてが過ぎさっていく。まるで、昔のノスタルジックな無声映画の一シーンのような風景が展開する。

ここでは、森の役目というのは、熱帯雨林ほど大きなものではない。熱帯雨林では森の力があまりに強すぎて、そこを開くには、強力な力を必要とする。そのため、東南アジアの熱帯雨林は大きく様変わりした。

しかし、モンスーン林はどこか違う。もともと、そう大きな森ではない。とくに乾季には葉を落とすことで、森は明るく歩きやすい。カラカラにかわいたチークの大葉が風にのってころがり、カサカサと音をたてる。ゆったりと森の中を歩いていくと、カレン人の家族がやってくる。ジュズダマでふちどった素朴な衣装を着て、そおっと足音もなく通りすぎる。

タイ北部やラオスでは、やはり焼畑がさかんであるが、熱帯雨林の焼畑とは一味違う。熱帯雨林では焼畑で切られる木の数も多く、かつ大きな木がまじる。しかし、モンスーン林では、それほど大きなものはない。ささやかな規模で焼畑がおこなわれる。

モンスーン地帯でもっとも象徴的な風景は産米林である。タイからラオスに広くみられる水田に木々が残った風景は、はじめ高谷によって産米林と名づけられたが、こんな風景は、熱帯雨林には存在しない。山から低地にかけて連続的に観察すると、産米林のなかの木の個体数が山側から低地に下るにつれて減っていくのがわかる。山に近いほど木は多く残り、年月がたって田が整備されていくほど水田のなかの木は減っていく。これらの木々は有用木であり、たきぎや小型木材林産物の採集など、さまざまな用途に使われる。

モンスーン林の中でひときわ目立つのは、ヤーン（*Dipterocarpus alatus*）である。この木は、やはりフタバガキ科で、タイではもっとも目立つ大木である。この木がもっとも大きく、同じフタバガキ科の *Hopea* の類があり、あとはチークとそれにつづく紫檀やタガヤサンの硬木類がある。本紫檀は今やほとんど手に入らなくなり、紅木とよばれる硬く美しい紅い色をした材がよく家具や床材につかわれる。タガヤサンも中国人が好む材であり、その木目模様がニワトリの手羽に似ているところから「チキンウイング」と称し、高級家具の材料となっている。こういった有用硬木は、熱帯雨林では黒檀だけであり、モンスーン林のものほど一般的ではない。

沈香はモンスーン地帯にも多い。ベトナムの高級沈香は、伽羅《きゃら》とよばれ、古来日本人がもっとも珍重した芳香木であるが、今は安南山地の中でもみつけることがむつかしい。代替品がラオスやカンボジア、ミャンマーから出ているが、これらも高値をよんでいる。大陸部の沈香市場の中心はバンコクのスクムビットのアラブ街である。ここにはアラブ人たちが生活し、アラビア語とタイ語が入りまじり、小さな店の中に沈香や香水がならんでいる。このなかの何軒かは沈香の植林を古くから始め、生長した木に薬を注入して沈香成分を採りだす実験をはやくから始めている。大陸部の沈香木の分布はインドのアッサムまで広がるが、熱帯雨林域にくらべて規制がきびしく、調査は難しい。植林の技術もベトナムやタイですすんでいて、人工栽培の沈香が出まわるのもそう遠いことではないだろう。

モンスーン林の伐採がすすみ、一面キャッサバ畑になったのは、ちょうど、熱帯雨林がオイルパーム林になったのとよく似ているが、時期はずっとはやい。そのぶん森林の荒廃ははやく、タイでは一九八〇年代に禁伐令がでるほどであった。今では二〇%台に落ち込んだタイの森林は、ユーカリ植林によって、もちなおそうとした。パルプ原料として生長のはやいユーカリは回収がはやいが、土地を荒らすという意見があり、いまだに賛否両論で平行線をたどっている。

モンスーン地帯の良さは、適度な乾燥と湿度の間に、それほど高密でない植物世界が広がっていることである。熱帯雨林の重苦しさや、照葉樹林の暗さはなく、あくまでも明るく、さわやかである。そして冬期にはそれなりに涼感がある。

ベトナムからカンボジア、タイ、ラオス、雲南、ミャンマー、そしてインドまでに広がるモンスーン林は熱帯雨林世界のように大きな攪乱をうけ、世界の環境問題の中心になったことはないが、アジアの重要な植生帯のひとつであり、よりまとまった研究がすすめられてよい地域である。熱帯と温帯のはざまにあって、独立した生態域として認識しにくい地域ではあるが、それだけに未知の分野が多い。

## 五　東南アジアの森はどうなるか

ここ数年ばかりの自分の足跡をふりかえってみても、東南アジアの森の変化率の大きさにはおどろかされる。森のなくなった分、町にビルがふえた。ジャカルタの高層ビル群をみていると、一九六九年には一軒もなかったビルが、これほど増えたのは、それだけ森が伐られた結果だといつも考えさせられる。直径一メートルの木が何万本か伐られて、一軒のビルが建つ。何もなく独立した国がもっともてっとりばやい資源である木を伐り出して、財をなくしていったのは、わからなくもない。しかし、二〇〇〇年代に入って、アジアの国々も森林保全を大きく打ちだし、少なくとも表向きは環境問題の重要な一部としている。世界的にみてもこの傾向は今後もつづくであろうし、これは森にとっていいことではある。

しかし、一度なくした森をまた形の形にもどすのは難しい。現実に、原生林の多くに人間の手が入り、その跡地はゴムやオイルパーム、ユーカリやアカシア・マンギウムなどの早生樹種の林や森に変わった。一方で、原生林に育つ樹種が植えられている場は少ない。一度失われた本来の自然の生態系をとりもどすことは大変難しいので、今ある残された原生林を大事にすることが第一に求められる。ベネズエラアマゾンでは、南部のアマゾン一帯の広大な地域に国立公園や厳正自然保護区、先住民保護区など、さまざまな網を何重にもかけて、人びとの侵入を阻止している。しかし、これが成功しているのは、ひとつには人口が圧倒的に少ないからである。

アジアの森を考える時、もっとも難しい点は人口の多さである。また森へのアプローチがきわめて楽であることもある。人びとは昔は川をさかのぼり、今は伐採道路を通って森へごく簡単に接することができる。一九八三年の森林火災で燃えた東カリマンタンのクタイ国立公園は、今や道路ぞいに大勢の人が入りこみ、さんたんたる有様になっている。せっかく国立公園や自然保護区をつくっても、いつのまにか人が入って乱伐しているという例はどこでもみられる熱帯林の常態でもある。

これを防ぐには、地域の住民が力をあわせて森を守るしかない。これまでのように地域の人びとを森から遮断し、森を聖域のように保つことはもはや時代おくれであり、これからは地域の住民主体のとりくみが求められる。インドネシアの地方分権化はこの絶好の機会であったが、現実にはさらなる伐採が小さく広くくり返されて、ますます荒廃していった。しかし、最近では、地域の住民組織が本気で自分たちのまわりの森を守ろうと動いている例もある。東カリマンタンでは、二次林に沈香の苗木を植える試みが各地で始まっている。

サバは伐採された森に、アカシア・マンギウムやオイルパームを先進的に植えはじめたところであるが、今もさらにオイルパームはひろがっている。キナバタンガン川を下っていくと、焼畑よりも、オイルパームがすぐ岸までせまってきているのがよくわかる。オイルパームの需要はまだまだのびるだろうから、これからも増えつづけていくことだろう。かつて熱帯林の伐採道路が地域住民に交通路として利用されたように、今はオイルパーム園の中の道を、地域住民が利用し、川からではなく陸から自分たちの村に接近することができるようになった。また個人的にオイルパームを植え、それを出荷し、現金収入を得ることもできる。景観的には殺風景であるし、地元の人はきつくて低賃金という条件をきらって、オイルパーム園で働く人は少ない。したがって、インドネシアからの労働者がほとんどを占めることになる。

雲南の西双版納の南部国境地帯はゴムの植林地がつづく。一九九〇年にはじめて訪れた時は、もっと原生林が茂っているかと期待していたが、実際にはすべてゴム林でおおわれていて、ショックを受けたのを思い出す。ゴムを植えることは、中原の貧乏県の労働力を吸収し、国境の防備にもなり、かつ、将来の中国国内の自動車産業への対応策としても重要であり、一石三鳥の得策なのである。またラオスやミャンマーからも、ゴムを買いとることで、交易ネットワークもできている。モノトーンの殺風景な国境地帯であるが、国策としては賢明な方針であろう。

はじめて中国へ行った一九九〇年、まだ自動車はほとんどなく、自転車全盛の時代であった。この人びとが全部車に乗りだしたらえらいことになると笑っていたことが今や現実になり、中国の大都会は車であふれ、高速道路が国中を結んでいる。わずか一五年ほどの間に中国は大きく経済発展した。その車のタイヤのゴムは雲南や海南島で作られるのである。

一九六五年のマレーシアはゴムがまださかんに植えられていた。私はゴム研究所の大きな建物のなかで、専門家にあって話をきいたが、その時、オイルパームがゴムに取ってかわる時代がくるとは誰も予想もしていなかったのである。それは中国が市場開放し、これだけの経済成長をとげようとは誰も思っていなかったのと同じであり、この先、東南アジアの森で何がおこるか、ある意味では楽しみでもある。少なくともインドネシアに関しては、伐採、火事、中央集権から地方分権への移行などの間に、メガライスプロジェクト（一〇〇万ヘクタールの泥炭湿地林を水田に変える計画）のような巨大な自然破壊がおこなわれてきた。しかしこうしてひととおり、悪いことは経験したことで、これからは少しずつよい方向が求められると私は楽観視している。

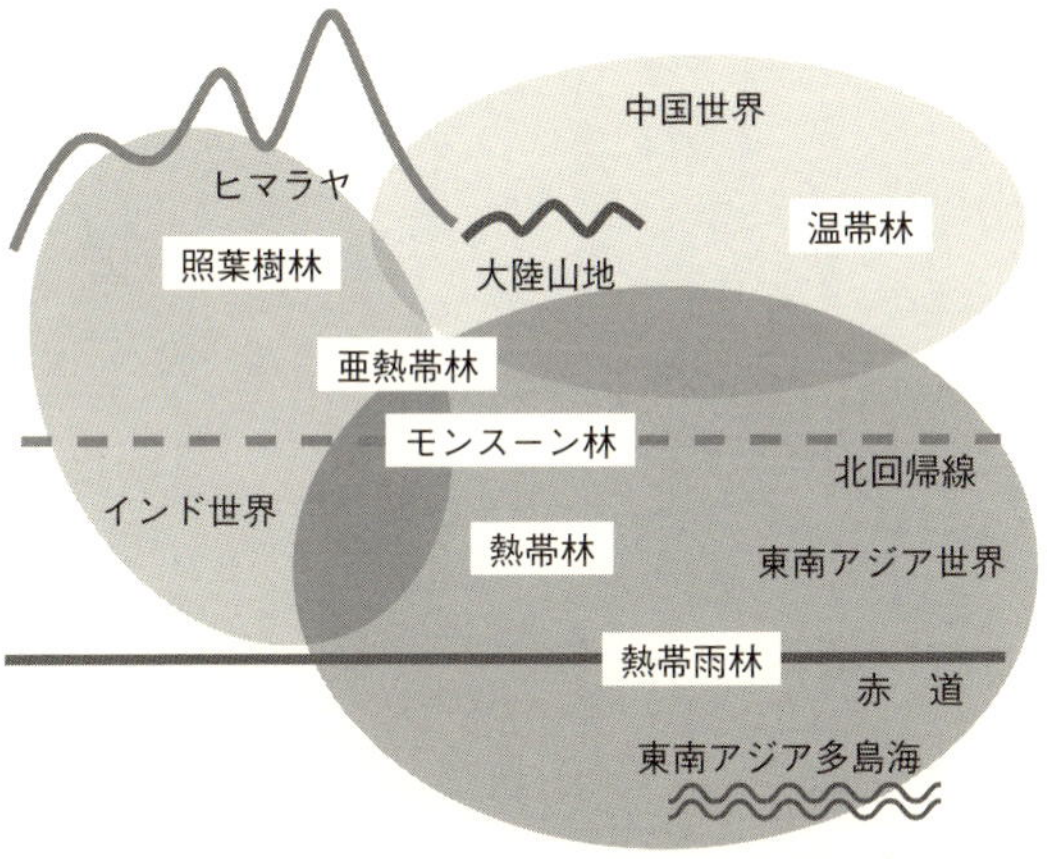


図1　東南アジア地域を中心にした概念図

大陸部については、やはり中国の存在の大きさがどこまできくかであろう。雲南へ通いはじめて一〇年ほどたったころ、突然、海鮮レストランが出現しはじめた。雲南という内陸でシーフードでもあるまいと思っていたが、内陸だからこそ海のものが食べたいと思う人が多くなり、かつ、それだけ富裕な層が出てきたのであろう。その後も店は次々と増えている。その後、ミャンマーのマングローブ地帯を調査した折、ここのカニが雲南へ運ばれるときいて、この入手先も判明した。北京や上海より、ミャンマーのほうがはるかに近いのである。それだけ中国の東南アジア大陸部への影響は大きいといわねばならない（図1）。

北ラオスでも、かつては入りにくかった国境地帯に、ガラのわるい中国人が中国語でしゃべって商売をしている。ミャンマーのマンダレーには中国人の大集団が昔からいる。中国の南進政策は着々と実行につつされ、中国のもっとも不足している木材は、ミャンマーやラオスから大量にもちこまれている。

森という資源を、材木の供給場としかみない考え方はもはや時代おくれである。今や多くの人びとが、エコツーリズムやいやしの場としてなど、もっと別の価値に重きをおいている。森に生える木々は伐るのではなく、できるだけ長くおいておき、その存在によって、人類がさらによき生活を送れるような仕組みのなかで考える方向に向かっていくことだろう。少なくとも日本やアメリカ、ヨーロッパなどの先進諸国は森の象徴的価値観に重きをおくようになった。さんざん伐ったあとで、同じことを発展途上国に要求するのは酷だとする国々にも、同じような芽がみられる。東南アジアの森を求めて世界中から人びとが集まるのは、ほかの世界ではみられないすぐれた景観と、そこからかもしだされる気に何かを求めているからである。それは、ゴム林やオイルパーム、アカシア・マンギウムの森などからは決して得られない天然の味なのである。

二一世紀に入って、天然モノはますます少なくなり、ツバメの巣も空きビルの中でつくり、沈香も植林される。そんななかで、古き良き原生林の中にひたり、人間の一生とはケタ違いの長い年月を生きてきた巨木やその間に生きる生命体のうごめきを感じることは、これからのもっともぜいたくな時間となるだろう。新しい価値を生むために、残された原生林を守ることが是非必要なのである。

# 索　引

サ　行

## タ 行



## ナ 行



## ハ 行

マ　行



ヤ　行

## ラ　行

鮫島 弘光（さめじま　ひろみつ）

1977年生。京都大学大学院理学系研究科博士課程修了。博士（理学）。京都大学生態学研究センター産官学連携研究員。生態学。『兵庫県における大・中型野生動物の生息状況と人との軋轢の現状』（共著，兵庫県立人と自然の博物館，2007年）など。

小泉　都（こいずみ　みやこ）

1974年生。京都大学大学院アジア・アフリカ地域研究研究科単位取得退学。博士（地域研究）。京都大学総合博物館研修員（2008年度より総合地球環境学研究所プロジェクト研究員）。文化人類学，民族生物学。“Penan Benalui Wild-Plant Use, Classification, and Nomenclature”（百瀬邦泰と共著，*Current Anthropology* 48 : 454-459）など。

阿部 健一（あべ　けんいち）

1958年生。京都大学農学研究科博士課程中途退学。京都大学地域研究統合情報センター准教授。環境人類学，相関地域研究。『国境を越えた村おこし――日本と東南アジアをつなぐ』（共著，ＮＴＴ出版，2007年），『資源人類学』（共著，放送大学教育振興会，2007年），『水と世界遺産――景観・環境・暮らしをめぐって』（共著，小学館，2007年）など。

藤田　渡（ふじた　わたる）

1971年生。京都大学大学院人間・環境学研究科博士課程修了。博士(人間･環境学)。甲南女子大学講師。タイを中心に東南アジア地域研究，政治生態学，文化人類学。『森を使い，森を守る――タイの森林保護政策と人々の暮らし』（京都大学学術出版会，2008年）など。

長谷 千代子（ながたに　ちよこ）

1970年生。九州大学大学院文学研究科博士課程修了。博士（文学）。総合地球環境学研究所プロジェクト研究員。文化人類学，宗教研究。「他者とともに空間をひらく――雲南省芒市の関公廟をめぐる徳宏タイ族の実践」（『社会人類学年報』30号，2004年），『文化の政治と生活の詩学――中国雲南省徳宏タイ族の日常的実践』（風響社，2007年）など。

祖田 亮次（そだ　りょうじ）

1970年生。京都大学大学院文学研究科指導認定退学。博士（文学）。北海道大学大学院文学研究科准教授。人文地理学，東南アジア地域研究。*People on the Move : Rural-Urban Interactions in Sarawak* (Kyoto University Press and Trans Pacific Press, 2007),『アジア太平洋地域の人口移動』（共著，明石書店，2005年），『広島原爆デジジタルアトラス』（共著，広島大学総合地誌研究資料センター，2001年）など。

山田　勇（やまだ　いさむ）

1943年生。京都大学大学院農学研究科博士課程修了。農学博士。京都大学名誉教授。熱帯生態学，地域研究。『世界森林報告』（岩波新書，2006年），『アジア・アメリカ生態資源紀行』（岩波書店，2000年），『事典　東南アジア』（共編著，弘文堂，1997年）など。

# 執筆者紹介

（執筆順。★印は編者）

秋道 智彌（あきみち　ともや）★

1946年生。東京大学大学院理学系研究科人類学博士課程修了。理学博士。総合地球環境学研究所副所長。生態人類学。『コモンズの人類学――文化・歴史・生態』（人文書院，2004年），『論集　モンスーンアジアの生態史』（全３巻）（監修，弘文堂，2008年），『人と魚の自然誌――母なるメコン河に生きる』（共編著，世界思想社，2008年），『図録メコンの世界――歴史と生態』（編著，弘文堂，2007年）など。

市川 昌広（いちかわ　まさひろ）★

1962年生。京都大学大学院人間・環境学研究科博士課程修了。博士（人間・環境学）。総合地球環境学研究所准教授。東南アジア島嶼部地域研究。『森はだれのものか？――アジアの森と人の未来』（共著，昭和堂，2007年）など。

河野 泰之（こうの　やすゆき）

1958年生。東京大学大学院農学系研究科博士課程修了。農学博士。京都大学東南アジア研究所教授。東南アジア地域研究，自然資源管理。『熱帯生態学』（共著，朝倉書店，2004年），『論集 モンスーンアジアの生態史 第１巻 生業の生態史』（共編著，弘文堂，2008年），『ラオス農山村地域研究――フィールドからの問いかけ』（共著，めこん，2008年）など。

竹田 晋也（たけだ　しんや）

1961年生。京都大学大学院農学研究科博士課程中退。農学博士。京都大学大学院アジア・アフリカ地域研究研究科准教授。森林資源学，熱帯農学。「ミャンマー・バゴー山地におけるカレン焼畑土地利用の地図化」（『東南アジア研究』45巻３号，2007年），「アルナーチャル・プラデーシュの生業景観」（『ヒマラヤ学誌』８巻，2007年），「パーム油が塗り替える熱帯雨林の景観」（『遺伝』62巻２号，2008年）など。

加藤 裕美（かとう　ゆみ）

1980年生。京都大学大学院アジア・アフリカ地域研究研究科博士後期課程。生態人類学，地域研究。「フィールドワーク便り　ボルネオの豊かな動物世界」（『アジア・アフリカ地域研究』７巻１号，2007年）など。

小坂 康之（こさか　やすゆき）

1977年生。京都大学大学院アジア・アフリカ地域研究研究科博士課程修了。博士（地域研究）。京都大学東南アジア研究所非常勤研究員。民族植物学。『図録メコンの世界――歴史と生態』（共著，弘文堂，2007年）など。

# 東南アジアの森に何が起こっているか
## 熱帯雨林とモンスーン林からの報告

2008年3月20日　初版第1刷印刷
2008年3月30日　初版第1刷発行

編　者　秋道智彌
　　　　市川昌広

発行者　渡辺博史

発行所　人文書院

〒612-8447 京都市伏見区竹田西内畑町9
電話 075-603-1344　振替 01000-8-1103

装幀者　上野かおる
印刷所　㈱冨山房インターナショナル
製本所　坂井製本所

落丁・乱丁本は小社送料負担にてお取替えいたします


ISBN 978-4-409-53036-8 C3039

池谷和信編

# 熱帯アジアの森の民

資源利用の環境人類学

二四〇〇円

森は誰のものか

グローバリゼーションと地球環境保護のせめぎあいのなかで、

これまで森に住み、森とともに暮らしてきた人びとの生活は

どう変わっていくのか。

表示価格（税抜）は2008年３月

秋道智彌著

# コモンズの人類学

文化・歴史・生態

二六〇〇円

中国、東南アジア、オセアニアの海と森に展開するコモンズ（共有地・共有資源）の文化・歴史・生態を、長年のフィールドワークをもとに分析。地球と地域の環境問題を考える指針。

表示価格（税抜）は2008年３月